第 1 部

*The Story of Chinese*

# 中国人的故事
## 走出鸿蒙

老 多 ○ 著

科学出版社

北京

## 内 容 简 介

中华文明博大精深，五千年文化灿烂辉煌，国学在社会各界受到越来越多的关注。然而，国学到底是什么？包含了哪些具体内容？可以带给我们什么启发？是如何影响科学发展的？在科学技术引领人类社会发展的今天，这已经成为迫切需要我们正视和思考的问题。《中国人的故事》将带领读者深入历史和典籍，试图寻找这些问题的答案。

《中国人的故事1：走出鸿蒙》以历史为线索，从人类最早的文字、文学、哲学和医学入手，用通俗易懂的语言，讲述了东西方相关历史中的人物和故事，努力在浩如烟海的国学思想中，发现真正的国学精粹，使之成为推动中国科技发展的动力。或许不是标准答案，但足以启发我们反思和讨论。

本书内容丰富，通俗易懂，适合大众阅读，尤其对科技工作者有着重要的参考价值。

---

**图书在版编目(CIP)数据**

中国人的故事.1，走出鸿蒙 / 老多著. —北京：科学出版社，2020.9
ISBN 978-7-03-064529-6

Ⅰ.①中… Ⅱ.①老… Ⅲ.①科学史-中国 Ⅳ.①G322.9

中国版本图书馆 CIP 数据核字（2020）第 033805 号

责任编辑：侯俊琳　张　莉　刘巧巧 / 责任校对：邹慧卿
责任印制：师艳茹 / 插画绘制：老　多
封面设计：有道文化

科 学 出 版 社 出版
北京东黄城根北街 16 号
邮政编码：100717
http://www.sciencep.com

天津市新科印刷有限公司　印刷
科学出版社发行　各地新华书店经销

\*

2020 年 9 月第　一　版　开本：720×1000　1/16
2020 年 9 月第一次印刷　印张：14
字数：200 000
**定价：58.00元**
（如有印装质量问题，我社负责调换）

献给已经去世多年的爸爸妈妈，还有陪伴了我 37 年的妻子，是他们让我的生命变得完整。

致知在格物,物格而后知至。

——《礼记·大学》

天行健,君子以自强不息。

——《易经·象传》

# 序 一

老多又出新书了！这次他从科学史走进了科学思想史，走进了东西方科学思想的比较，难能可贵。

美国著名历史学家彭慕兰（Kenneth Pomeranz, 1958—）在他的学术名著《大分流》（*The Great Divergence*）中，探讨的所谓西方经济社会发展于公元1800年起超越了东方的中国，他认为其中的基本驱动因素和相关条件就是技术发展状况、地理环境、资源、人口数量和密度等，而新技术的出现和使用，使得这种超越成为可能。这些新技术的产生离不开16世纪从西方开始的科学进步。而科学的进步就来自文艺复兴时期西方人对古希腊精神的批判性思维，来自对毕达哥拉斯、柏拉图、亚里士多德、阿基米德思想的批判。

科学文化是人类现代社会发展至今最重要、最核心的资产，在某种程度上科学文化决定了人类的未来。

对中国的科学发展，中国人民的老朋友李约瑟先生20世纪40年代在他的巨著《中国科学技术史》中是这样写的："欧洲在十六世纪以后就诞生出现代科学，这种科学已被证明是形成近代世界秩序的基本因素之一，而中国文明却没有能够在亚洲产生出与此相似的现代科学，其阻碍因素是什么？"

最早从科学思想上对中国文化和中国文明做出反思的是胡适先生，胡适先生主张整理国故。整理国故的目的就是从中国传统文化中找到中国的毕达哥拉斯、中国的柏拉图、中国的亚里士多德，以及中国的阿基米德。老多的《中国人的故事》就是试图通过中西比较研究的方法，探究中国古代思想史中的科学思维，探讨是否有过中国的毕达哥拉斯、中国的柏拉图、中国的亚里士多德，以及中国的阿基米德，并且进一步探讨中国古代文化对这种科学思维的推动因素和阻碍因素都是什么。

从国故中整理出科学和非科学的思维因素，不是一个小工程。就像我们搞地震科学研究，离不开对地震发生最基本的客观原因的了解，要了解国故中的思维，就要回到国故产生的时代，客观地去了解产生国故的时代因素。在《中国人的故事》里，心静如水的老多把模模糊糊、让大家感到云里雾里的国故一桩一件地梳理清楚，古人思维中的科学和非科学因素也就清晰可辨了。比如，人们很喜欢背诵的"关关雎鸠，在河之洲"等那些两三千年前的诗句是谁的作品，因何而作，可能很少有人深究。"关关雎鸠，在河之洲"是"关雎，后妃之德也……先王以是经夫妇，成孝敬，厚人伦，美教化，移风俗"，是一首歌颂周文王和他的后妃的诗。"硕鼠硕鼠，无食我黍"是"硕鼠，刺重敛也。国人刺其君重敛，蚕食于民"，是那个时代的批判性思维。还有国故中最令人眼花缭乱的《易经》，老多从《易经》究竟是什么，是怎么产生的，产生的原因，以及千百年来中国和西方学者对《易经》的解读和评价等，让大家对《易经》有了非常清晰的了解，其中的科学和非科学因素也就清晰可辨了。

读老多的《中国人的故事》，不但可以让读者大开眼界，而且会很自然地、更加清晰地认识和了解国故，这对读者是十分有益的。更难能可贵的是，老多并非好炫耀学问、好为人师之人，他的《中国人的故事》里没有结论，只是希望读者多思考，自己去做判断。科学就是来自思考，来自自己的判断。老多的这些思考，提供给读者一个富有启发性的新的视角。

陈运泰

中国科学院院士

发展中国家科学院院士

2020 年 4 月 30 日

## 序　二

读《中国人的故事》，让我重新认识了老多。我跟老多是在原中国科学院发育生物学研究所认识的。1983年，我有幸考进中国科学院发育生物学研究所，那时老多已经是该所的技术员，我们很快就认识并且成为好朋友，一起度过了6个美好的年头。

老多当年是我们所的专业摄影师，他以独特的美学视角，为我们大家的青春时光留下了许多美好的记忆，还有惊喜。1987年6月，中国科学院发育生物学研究所举办了发育和分子生物学研讨会与学习班，老多在学习班上担任摄影师。不久前翻看当年的照片时，我突然发现照片中居然有两位诺贝尔奖获得者：一位是2007年诺贝尔奖生理学或医学奖得主、英国科学家马丁·埃文斯（Martin Evans）先生，他当年作为特邀专家出席；另一位是2012年诺贝尔生理学或医学奖得主、日本医学家山中伸弥（Shinya Yamanaka），他当年是作为学员的身份参加研讨会和学习班的。给我留下更多宝贵记忆的是，老多作为一个生物摄影师，当时我每天的实验结果、毕业论文里的每一幅图、发表的文章里的所有实验证据，包括我们实验室首制的嵌合体鼠与嵌合体兔，都是他镜头下的作品，为此我也荣幸地被他封为"耗子王"。

老多是中国老一辈科学家、著名地震学家李善邦先生的小儿子，他对中国的科学事业有着一份发自心底的关怀，《中国人的故事》就是他这方面的结晶。老多通过大量的阅读和思考，用非常通俗有趣的语言写成《中国人的故事》，其中对中国传统思维理性的批判，我觉得他就是希望诺贝尔奖的领奖台上能出现更多中国科学家的身影。

读着老多的书，我在想，老多当年要是选择科学，他会比我做得更好，肯定已经成为大科学家了。老多可以从一个问题、一个想法着手，广读书、深思考、总结归纳，这正是一个科学家需要具备的基本素质。静下心来，持之以恒，读万卷书，行万里路，不厌其烦地重复验证，这也是发现真理的基本功。深入浅出，把深奥的道理以简单明了、风趣的方式陈述出来，这是一个好科学家与业界和大众交流的最佳方式。老多从事的科普事业，其伟大之处，不是能用职称、头衔来衡量的。

无论你是在汲取知识还是在休假消遣，在读老多的作品时，都希望你也能跟我一样享受，一样受启发，一样获益。

沈三兵

爱尔兰国立大学（高威）医学院终身教授

2020 年 2 月 26 日

# 自　序

写作《中国人的故事》有三个目的：第一是希望梳理一下咱们老百姓能看明白的国学；第二是想梳理一下中国传统思想里到底有多少可以产生科学的元素；第三是想梳理一下中国传统思想里到底有多少阻碍科学的元素。

出于上述原因，老多就像德国"现代历史学之父"兰克说的："正如一个鲁莽之人不自量力地闯入一个庞大的古物储存室那样——其中既有真实的、美不胜收的和光彩夺目的东西，也有虚假的、令人厌恶的和平淡无奇的东西，它们出自不同民族和时代，毫无秩序地胡乱堆积在一起，一个初涉近代历史各色文物的人也一定会被它们搞得眼花缭乱，不知所从。"[①] 兰克说的是近代历史，而如今老多不自量力地闯入的是比近代历史更为庞杂的古代历史。

---

[①] 利奥波德·冯·兰克. 2016. 近代史家批判. 孙立新译. 北京：北京大学出版社：Ⅴ.

为什么要花费这么大的工夫不自量力地写《中国人的故事》呢？从20世纪末我开始做科普，在读书做科普的过程中，渐渐地产生了一些疑问和大问号。这些疑问和大问号开始于七八年前，那时《贪玩的人类2：穿越百年的中国科学》的写作刚刚完成。在那之前还有另外两本关于科学史的书已经出版，一本是关于世界科学发展的历史，即《贪玩的人类：那些把我们带进科学的人》；另一本我自己认为是关于中国古代的科学史，即《贪玩的中国人：玩出创造世界的智慧》（该书于2017年由科学出版社再版，书名改为"贪玩的人类3：改变世界的中国智慧"）。在写这些书的过程中，我的脑子里逐渐地出现了一些大问号，这些大问号和李约瑟先生说的两句话关系很大。他第一句话这样说："中国人又怎么能够在许多重要方面有一些科学技术发明，走在那些创造出著名的希腊奇迹的传奇式人物的前面，和拥有古代西方世界全部文化财富的阿拉伯人并驾齐驱，并在公元三世纪到十三世纪之间保持一个西方所望尘莫及的科学知识水平？"[1]每一个中国人听到这句话，肯定都会对中国古代充满了骄傲和敬畏之情。但是李约瑟先生还说了第二句话："欧洲在十六世纪以后就诞生出现代科学，这种科学已被证明是形成近代世界秩序的基本因素之一，而中国文明却没有能够在亚洲产生出与此相似的现代科学，其阻碍因素是什么？"[1]后面一句话就是大家所说的"李约瑟难题"。

李约瑟先生说的，让所有中国人无比骄傲的第一句话，会让我们对中国古代文化产生膜拜之情，也会让大家更加坚定地认为中国文化博大精深，增加大家对中国文化的信心。不过，问题是中国真的在"公元三世纪到十三世纪之间保持一个西方所望尘莫及的科学知识水平"吗？

近代以来的考古新发现告诉我们很多过去不清楚的历史。考古学家对苏美尔、古埃及、古希腊的考古发掘，发现了公元前2500年到公元前1500年这些文明古国制造的精美金器、银器和青铜器，当然古埃及的青铜器没有在中国殷墟发现的大约公元前1300年的青铜器那么精美。

---

[1] 李约瑟.1975.中国科学技术史·第一卷·第一分册.北京：科学出版社：3.

另外，李约瑟先生在他的著作《中国科学技术史》中谈到古代科学中很重要的一门学问——物理学时是这样写的："物理学的三个分支在中国曾经很发达，这就是光学、声学和磁学。力学的研究和系统阐述比较薄弱，而动力学则几乎不存在……无论如何，它与存在另一种片面性的欧洲形成极为鲜明的对照，因为在拜占庭和中世纪后期的欧洲，力学和动力学方面比较进步，而对磁现象则几乎一无所知。在光学方面，中世纪的中国人就经验而论，和阿拉伯人可以说是不相上下，但因缺乏希腊演绎几何学，致使在理论方面遇到极大障碍，而阿拉伯人却是这种几何学的继承者。"[①] 从李约瑟先生这些描述中似乎并不能得出 3—13 世纪中国曾经有过让西方望尘莫及的科学知识水平的结论，东西方当时的科学知识水平应该是各有所长的。

因此我想，如果李约瑟先生说的那些曾经让中国人感到无比骄傲的、让西方望尘莫及的中国古代科学知识水平并非事实，东西方古代科学知识水平是各有所长的，那么可以认为，中国古代文化和西方古代文化都是有长有短、有好有坏、有精华有糟粕。这时我们再去读李约瑟后面一句所谓"李约瑟难题"："欧洲在十六世纪以后就诞生出现代科学，这种科学已被证明是形成近代世界秩序的基本因素之一，而中国文明却没有能够在亚洲产生出与此相似的现代科学，其阻碍因素是什么？"我们是不是就要思考一下了，既然东西方古代的科学水平没有高低之分，都在一条起跑线上，为什么中国这条路上就没有跑出现代科学呢？其中的阻碍因素是什么？这些就是我心里的疑问和大问号。

想了解是什么因素阻碍了科学，就要对科学做出适当的定义。像李约瑟先生说的中国古代科学和 16 世纪在欧洲诞生的现代科学，虽然都叫科学，但其实是两个不同的概念。而过去我们谈论这些科学问题都比较模糊，基本都是在没有对这两种科学概念做明确定义的情况下去谈论的。因此，要谈论科学问题，首先要定义科学这个概念。如英国近代科学哲学奠基人威廉姆·休厄尔（1794—1866）说的，"随着人类社会的

---

[①] 李约瑟.2003.中国科学技术史·第四卷·第一分册.北京：科学出版社；XV.

不断进步，我们对自然和知识形成了自己的判断，在这个过程中，我们思索了这种科学到底是什么、它到底怎么达到了今天的地步等问题"①。科学到底是什么，它到底怎么达到了今天的地步？这是必须定义和追问的问题。

那么，李约瑟先生说的"曾经让中国人无比骄傲的中国古代科学"是什么呢？举个例子追问一下吧！

大家都知道，中国是最早发明指南针的国家，于是大家都觉得这是中国对人类科学的伟大贡献。那么指南针究竟是什么时候发明又是怎么发明的呢？关于指南针最早的记录出现在战国时期的《韩非子·有度》篇："使人主失端、东西易面而不自知。故先王立司南以端朝夕。故明主使其群臣不游意于法之外。"意思是说，为了不会失去人、主、君、臣的法度，为了不会方向搞错了还不自知，所以先王立"司南"让大家知道早上太阳升起和傍晚太阳落山的方向。所谓"先王立司南以端朝夕"就是先辈的君王在自己的宫殿里放了一个司南。司南就是传说中最早的指南针，应该是磁石做的，可以指示方向。"以端朝夕"是干什么呢？就是君王用司南让大家知道怎么不做法度以外的事情。为什么司南的作用是为法度而不是导航呢？因为第一个聊司南的韩非子，是春秋战国时期诸子百家中著名的法家代表人物，《韩非子·有度》是讲法度的文章："国无常强，无常弱，奉法者强，则国强，奉法者弱，则国弱。"那司南是什么时候变成导航指南针的呢？根据史书记载，中国在韩非子聊司南以后1000多年的宋朝，开始使用水罗盘。公元1047年成书的《武经总要》里记载的"指南鱼"，就是水罗盘。"指南鱼"怎么用呢？有一本书《海道针经》是专门讲怎么用"指南鱼"的，书里详细描述了当时的人如何使用水罗盘。《海道针经》里讲，在使用水罗盘以前先要备上美酒和祭品，再郑重其事地点上几炷香，然后烧香磕头念咒："伏以神烟缭绕，谨启诚心拜请，某年某月今日今时四直功曹使者，有功传

---

① 威廉姆·休厄尔.2016.科学发现的哲学——历史与节点.韩阳译.武汉：湖北科学技术出版社：1.

此炉内心香，奉请历代御制指南祖师，轩辕黄帝，周公圣人，前代神通阴阳仙师，清鸦白鹤仙师，杨救贫仙师，王子乔圣仙师……伏以奉献仙师酒一樽，乞求保护船只财物，今日良辰下针，青龙下海无灾，谦恭虔奉酒味初，伏献再献酌香醪。"①咒语念罢，"取水下针，务要阳水，不取阴水。何为阴阳水？盖阳水者风上危也。阴水者风向厄也"②。

从追问指南针发明的过程中我们可以看到，我们曾经认为是为全世界做出伟大贡献的、中国最早发明的指南针——司南，其中却几乎看不到什么我们现在认为的科学的影子。烧香磕头、念咒语这些行为中不但看不到科学，反而充满迷信的内容。而当我们再去追问中国古代其他科学成就时，得到的信息也有同样的特点。其中可以看到的内容，很多都和我们现在认为的科学思想相去甚远。所以要谈论古代科学，就必须对古代科学做出适当的定义，而不是套用今天对科学的定义。

那16世纪在欧洲诞生的现代科学是什么样的呢？现代科学是不需要烧香磕头、念咒语的，而是彻底和迷信说再见了。现代科学产生于16世纪哥白尼发现的日心说，这样的科学是通过观察、实验以及数学的方法得到的科学理论。李约瑟认为这样的科学诞生于16世纪的欧洲，事实也的确如此。不靠烧香磕头、念咒语，而是通过观察、实验和数学方法等得到的现代科学，16世纪诞生于波兰，从哥白尼发现的日心说开始，17世纪牛顿发现万有引力定律，20世纪爱因斯坦发现相对论，一直发展到今天。

那西方人是吃了什么灵丹妙药，能创造出现代科学呢？难道现代科学都是西方人的专利？加州大学洛杉矶分校教授贾雷德·戴蒙德这样说："我们绝不是要美化来自西欧的民族，而是要看到，他们的文明的最基本因素是由生活在别的地方的其他民族发展起来并在以后输入西欧的。"③戴蒙德先生的话虽然不是单指科学，但科学也一样，并非西方

---

① 巩珍. 2000. 西洋番国志郑和航海图两种海道针经. 向达校注. 北京：中华书局：23.
② 巩珍. 2000. 西洋番国志郑和航海图两种海道针经. 向达校注. 北京：中华书局：25.
③ 贾雷德·戴蒙德. 2016. 枪炮、病菌与钢铁：人类社会的命运. 谢延光译. 上海：上海译文出版社：6.

人的专利。科学和其他基本的文明因素一样,是从 16 世纪开始,西方人把他们自己的和生活在别的地方的其他民族发展起来的智慧和思想精华,经过继承和批判以后创造出来的。

继承古代的智慧和精华我们非常熟悉,而西方人之所以能创造出现代科学,我认为并不是因为西方人比我们更聪明地继承了古代的智慧和精华,而科学恰恰是他们从对古代的智慧和精华的批判中创造出来的。

不过批判思维也不是老天爷送给西方人的礼物。在文艺复兴以前,西方人和中国人一样对古代充满了敬畏和膜拜。一位哲学家把西方人从对古代的膜拜引向了对古代理性的批判,这个人的故事老多在《贪玩的人类:那些把我们带进科学的人》里讲了,他就是罗吉尔·培根。"罗吉尔·培根一生写了三部著作《大著作》《小著作》《第三著作》,在他的著作里提出了一个很著名的思想:人之所以犯错误,原因有四,即对权威的过度崇拜、习惯、偏见与对知识的自负。怎么才不会犯错误呢?培根主张'靠实验来弄懂自然科学、医药、炼金术和天上地下的一切事物'。他把实验当作验证真理最有效的方法,他就是现代实验科学的先驱。"①罗吉尔·培根被称为中世纪最后一位、文艺复兴第一位哲学家,他的批判思维为科学革命吹响了号角。哥白尼第一个接过罗吉尔·培根批判思维的接力棒,现代科学从此诞生。罗吉尔·培根的批判思维在后来的几百年,让欧洲乃至全世界走进了全新的科学时代,一直到今天。

批判思维不是否定和砸烂古代的一切,更不是几个好听的名词、几句响亮的口号。它本身就是一个理性的科学问题,是冯友兰先生所说的"思想思想的思想",也就是哲学问题。而批判思维也和科学一样是不断进步和发展的。在罗吉尔·培根以后,又有无数的哲学家接过培根批判思维的接力棒,他们是:弗朗西斯·培根、笛卡儿、斯宾诺莎、莱布尼茨、休谟、卢梭、康德、黑格尔、尼采、泰勒、彭加勒、兰克、休厄尔、赖欣巴哈、戴蒙德等。他们的哲学研究从各自不同的角度,对从古代开始的人类的思维和思辨问题,以及古代各个哲学家提出的哲学理论和思辨做出理性

---

① 老多. 2009. 贪玩的人类:那些把我们带进科学的人. 北京:科学出版社:70.

的批判，让批判思维这个科学哲学问题不断进步和发展。而他们的哲学思想又像一盏盏明灯照亮和启发了对大自然充满好奇的科学家们。所谓现代科学，就是在对从古代形成的人类对大自然的认识的批判中产生和发现的。就像哥白尼从旧的地心说到全新的日心说，伽利略对旧的习惯思维（重的东西一定下落得比轻的东西快）的批判中发现了重力加速度等。所以欧洲科学家的批判思维是受了这些哲学家们的启发，也可以说，欧洲的科学思想是被这些哲学家引领着走到今天的。

而所谓"李约瑟难题"中提出的导致中国文明没有能够产生现代科学的阻碍因素，最主要的就是中国人不懂得理性的批判思维。甚至在今天，很多中国人还是只知道中国文化博大精深，却没有或者不愿意用理性的批判思维去思考我们的古代文化中究竟是什么阻碍了科学的发展。而正是因为缺乏批判思维，我们直到今天在科学理论上仍然乏善可陈。

不过，历史的车轮还在滚滚向前，我想，恐怕没有一个中国人能够容忍自己的国家、自己的民族永远在理论科学方面乏善可陈。但是，怎么才能让中国出现像哥白尼、伽利略、牛顿、爱因斯坦等这样开创科学新纪元、新境地和新理论的科学家呢？我认为，要想让中国真正走进科学，成为可以创造科学理论、开创科学新境界的国家，首先很有必要对我们每一个中国人骨子里的传统思维做出理性的批判。

如果真的希望批判思维深入每一个中国人的骨髓，而不是放空话、编名词、喊口号，那就必须梳理出我们传统思想中究竟哪些是阻碍科学进步的、哪些是有益于科学进步的。如果想这样做，就必须把什么是中国文化、什么是国学梳理出来。"国学"是我们常常挂在嘴边的一个词，博大精深的中国文化就包含在国学里。但是"国学"这个词又是非常模糊的、没有明确概念的词，所以梳理"什么是国学"是件不容易的事情。那什么叫国学？国学究竟包含什么内容呢？关于国学包含的内容，胡适先生曾经有过这样一段描述："在我们的父亲祖父时代，他们只用几个钱买书，一元钱便可将所用的书籍买全。如《三字经》《百家姓》

《千字文》《幼学琼林》《大学》《中庸》等等，高等的便是《诗经》《礼记》《书经》《左传》，等等。只要将这些书念了，便可以中举做官，最高等的教育如此；更少数的人便是做点学问考据，吟咏诗词章句，做名士做学者。这中间《易经》只是卦辞卜筮，《春秋》是断烂朝报，《礼记》只是礼制典章，只有《诗经》还有价值，然而也只是一些情诗，几千年以前的诗。念的书是这样的书，做的文是八股文，试问对于知识上会有什么影响？试想想在一个有五千年历史的古国里，竟没有一个像样的大学。"① 胡适先生应该是第一个举起理性批判大旗的中国近代学者。胡适先生说的这几句话非常尖锐，但绝不是乱说的。不过他这几句话里似乎只说了国学里包含的最基本和主要的内容，也就是儒家学问，国学的内容应该还包括其他百家的学问，如老子。另外，胡适先生提出了问题，但是还没有或者还没来得及把几千年以前的诗、念的书、做的八股文的国学中哪些是阻碍科学进步的元素、哪些是有益于科学进步的国粹梳理出来。而老多在这本书中就试图做这件事，于是不自量力地闯入了庞杂的中国古代历史之中。

科学是全人类智慧的结晶，是不分国家不分民族的，也不是单独由一个国家、一个民族创造的。因此在寻找国学里阻碍科学进步的元素和有益于科学进步的国粹，以理性的方法对我们自己的传统因素做出批判的时候，就一定不能做井底之蛙。所以《中国人的故事》中聊的所有相关的历史和国学，都会与同一时代的西方做比较，这样做的目的是试图从东西方文化的比较中去获得启示。

说起国学和历史，大家可能会感到迷茫，这么高大上的学问咱们能弄明白吗？请大家不必担心，《中国人的故事》里讲的中国人的故事，我会尽量用大家都容易读懂的文字和语言来写。因为科学应该是我们普遍去关注的，任何一个中国人只要愿意、肯努力，今后都可能成为科学家，都可能成为现代的哥白尼、牛顿和爱因斯坦。

《中国人的故事》以时间线索分为五部：第一部"走出鸿蒙"，第

---

① 原载于 1932 年 11 月 10 日《南开大学周刊》第 134 期。

二部"回望古典",第三部"悠古之思",第四部"黄金时代",第五部"鸿鹄之志"。前四部是对中国传统文化、对国学的反思,第五部是走出传统,介绍开创中国现代科学的第一批中国科学家。

  国学里与科学直接相关的内容很少,就算有也是我们根据现代的观念赋予的,古人并没有意识到科学的存在。所以在写国学的时候,都要扯上与科学的关系就比较牵强了。怎么办呢?老多想为了在写作时不影响对国学的描写,干脆就尽量不去说科学的事情。比如,写老子就写"道可道,非常道",而老子哲学中涉及科学的问题,其中一部分会出现在每一章与西方的比较中,还有一些会在最后一章里写。最后一章是对这一部所有内容的总结,科学问题在这一章里有更清晰的描述。

  另外,《中国人的故事》里写的所有东西都只是老多在读书的过程中看到和思考的。至于老多的看法是否正确、是否有价值,这需要读者自己去判断。老多和大家分享的目的,不是让大家接受老多的思考,而是希望引起大家自己的思考。

  思考需要知识,知识来自读书。为了让大家能多读书,读到有价值的书,我把写作过程中读过并引用的其他学者的书都做了清楚的标示,包括页码。这样做的目的就是希望大家去读更多的书。

  最后老多想引用德国"现代历史学之父"兰克的一句话:"如上所述,读者无法自本书获得某种面面俱到的知识。尽管如此,本书还是讲出了一些先前从未被讲过的话。笔者恭候明智聪慧之人的反驳或者赞同。"[1]

2020 年 1 月 15 日<br>
于北京牡丹园多草堂

---

[1] 利奥波德·冯·兰克.2016.近代史家批判.孙立新译.北京:北京大学出版社:Ⅴ.

目　录

序一 / i
序二 / v
自序 / vii

## 第一章　乌龟壳和陶泥板 / 003

一、会写字的动物 / 004
二、乌龟壳上的秘密 / 013
三、书契的启示 / 021
四、思维的碰撞 / 035

## 第二章　瞬间永恒的诗篇 / 043

一、《诗经》和荷马史诗 / 044
二、温柔敦厚读《诗经》/ 050
三、人神共舞迈锡尼 / 061
四、同为教化的不同思考 / 069

## 第三章　"万能"的八卦和粗率的开始 / 075

一、"葵花宝典" / 076
二、儒家宝典 / 081
三、外国人读《易经》/ 093
四、从科学走向虚无 / 101

## 第四章　医生来了 / 119

　　一、味尝草木作方书 / 120
　　二、《神农本草经》与《草药学》/ 125
　　三、医生来了 / 138
　　四、四气调神与气候水土 / 149
　　五、走出神话 / 166

## 第五章　时代的启示 / 181

参考文献 / 199

然而思想的世界如何会有一个历史呢？在历史里所叙述的都是变化的、消逝了的，消失在过去之黑夜中，已经不复存在了的。但是真的、必然的思想——只有这才是我们这里所要研究的对象——是不能有变化的。[①]

——黑格尔

---

[①] 黑格尔.1959.哲学史讲演录·第一卷.贺麟，王太庆，译.北京：商务印书馆：11.

# 第一章　乌龟壳和陶泥板

文字的出现是地球上的人可以成为人最重要的一个发明，它使人类文化得以传承，让文明信息永远流传。文字也让世界上的人创造出了不同的文明，从而让地球上出现了不同的文明古国。我们可以从本章中看到关于中国、苏美尔、埃及等国家或地区文字的故事。

## 一、会写字的动物

今天人类能拥有如此先进的文明，必须要感谢一件事情，什么事情呢？那就是文字的发明，是文字把几千年来的文明信息从古代传递到了今天，文明的脚步也跟着从远古走到了今天。地球上所有的生物中只有人类发明了文字，文字让人类创造出可以传承和发展的文明。猴子和黑猩猩也很聪明，它们会使用工具，有它们自己独特的交流方法，可它们发明不了文字，结果走了几万年、几十万年甚至几百万年，走到现在还是老样子。

朱光潜先生曾经这么写道：

悠悠的过去只是一片漆黑的天空，我们所以还能认识出来这漆黑的天空者，全赖思想家和艺术家所散布的几点星光。[1]

漆黑的历史天空上的那点点星光是什么呢？其中最主要、最闪亮的就是文字。当古人在龟甲、泥板上把文字刻上去的时候，历史就在那一瞬间变成了永恒，并被传承下来。我们可以想象这样一个画面：几十亿年以后，人类已经离开地球，移民到另一个星球上，一个妈妈抱着孩子指着天上一颗暗红色的星星说："孩子，那里就是我们人类的祖先在几十亿年前创造文明的地方。"孩子问："哦，好神奇啊！不过，妈妈，你是怎么知道那颗星星上的故事的呢？"妈妈挥了挥手，空中的虚拟屏幕上就出现了一本书，妈妈指着那本书说："知道咱们祖先的故事就靠它。"

文字是用来交流的，其实交流的本事其他动物也有。比如，早上起来会唱歌的小鸟，它们歌唱不只是为了让提着笼子溜达的爷爷听着玩，它们还在和小伙伴聊天；还有大灰狼的嚎叫，也不是无目的地瞎嚷嚷，

---

[1] 朱光潜. 1982. 朱光潜美学论文集. 上海：上海文艺出版社：453.

而是和同伴交流。如今科学家的研究已经证明,世界上的各种动物,无论个头大小一定都会交流。人说话的本事一开始也和小鸟叫、狼嚎差不多,但后来聪明的人类又把这种交流的本领进行了创新发展,结果人的语言成了动物界顶级的、其他动物望尘莫及的交流方式。

不过,无论是小鸟唱歌、大灰狼嚎叫还是人的语言,这些交流的本领都不是人类的专利。可是文字,也就是写字的本领,却是咱们人类自己的专利,其他动物不会,哪怕是和人类最接近的大猩猩,也没听说过它们会拿着一支毛笔,蘸上墨水,然后写下几个大字:"我也会写字!"

从人类进化史的角度来说,人类拥有写字的本领历史并不长。根据古生物学家和考古学家的研究,人类的进化从古猿到人已经走过了三四百万年漫长的时光。也就是说,从咱们中国人喜欢聊的"盘古开天地"开始到现在,地球上的人类已经存在了三四百万年。和这么漫长的时间相比,人会写字的时间就太短了。有多短呢?满打满算,最早的文字也就约6000年的历史。文字的历史只有6000年左右?证据呢?证据还真不少,第一个证据应该来自15世纪的一个意大利人,他是个旅行者。有一天,他来到伊朗最古老的城市设拉子的一座破旧庙里,一抬头看见墙壁上有一些很像文字的图案,但是当时他搞不清那些到底是不是文字。直到200年以后,科学家证实,他当时看到的就是文字。这些文字来自5000年前的美索不达米亚的苏美尔人,破庙里的文字就是楔形文字。另外还有个证据,那就是考古学家1890年在埃及发现的漂亮至极的纳尔迈石板。这块石板上神奇的图案记载了公元前3000多年埃及第一王朝开国国王纳尔迈的事迹。科学家认为石板上所刻的神奇图案,就是古埃及最早的象形文字。第三个证据要晚一点了,那就是公元前14世纪中国殷商时代的文字——甲骨文。

从文字的这些故事中我们应该可以看出,人类的语言能力和写字的本领都是聪明的人类在生活中逐渐学会的。也就是说,写字的本领是咱们人类自己"玩"出来的。可人是怎么"玩"出写字这个本事的呢?

先看看被那位幸运的意大利旅行者发现的楔形文字是怎么"玩"出来的。大家或许在各种资料上都看见过楔形文字,是长得像小钉子一样、刻在泥板上的文字。这种文字从大约公元前3000年开始,在两河流域、伊朗高原、阿拉伯半岛得到广泛使用，一直使用到公元前6世纪左右。楔形文字最早出现在两河流域，也就是现在的伊拉克，当时那里居住着苏美尔人，他们在那里创造了苏美尔文明，这种文字可能就是苏美尔人发明的。这么久远的古董怎么能保存到现在呢？这和它的制作方法有关。楔形文字是用芦苇秆、小木棍或者其他工具刻写在软泥板上的，刻好之后把泥板用火烤干，烤干以后的泥板就变成了像家里熬中药的陶罐一样的陶泥板，非常坚硬，保存几千年都不会变形、变质，保存到今天字迹还很清晰。不过，这些刻着古老文字的陶泥板，逐渐被阿拉伯的漫漫黄沙掩埋了，安静地躺在沙子底下消失了几千年。直到19世纪末，才被那时的探险家和考古学家重新发现。其中最早的那块，据说来自苏美尔一座叫乌鲁克的古城。乌鲁克古城在哪儿？乌鲁克古城距离现在伊拉克著名的城市巴士拉不远。公元前3400—前3100年，苏美尔人在那里创造了一段辉煌的古代文化。考古学家发现，乌鲁克古城的老百姓处在刚刚学会制造铜器却仍然离不开石器的所谓金石并用的时代。他们就是用那些简单的工具创造出了伟大的文化，其中有精美的金银器皿、美丽的彩陶，以及富丽堂皇、宏伟高大的神庙。更重要的是，楔形文字在乌鲁克古城开始启蒙了。可是，5000多年前的文字是做什么用的呢？

根据历史学家的研究，苏美尔人发明楔形文字是因为祭司要记账。从已知的最早的文字记载中，可以举出不少例子来证明，祭司不仅主管各种宗教活动，还管理大量的经济活动。① 苏美尔人崇拜神灵，而祭司被视为是可以和神灵交流的人，所以他们受到大家的尊重。可祭司怎么又和经济有关系呢？那是因为祭司定期要为大家举办各种祭祀活动，如拜神、拜祖等。祭司举办这些活动不是免费的，而要收费就得记账，所以，文字就是祭司们出于记事的需要而做出的一大发明。② 正如一位学者所说，文字不是一种深思熟虑后的发明，而是随对私有财产的强烈意识而产生的一种副产品。文字始终是苏美尔古典文明的一个特征。③

---

①② 斯塔夫里阿诺斯.2005.全球通史：从史前史到21世纪（上）.吴象婴，梁赤民，董书慧，等译.北京：北京大学出版社：52.

③ 斯塔夫里阿诺斯.2005.全球通史：从史前史到21世纪（上）.吴象婴，梁赤民，董书慧，等译.北京：北京大学出版社：60.

文字就这样走进了人类生活。祭司真的是为了记录他们的收入而发明了文字吗？如今公司里的会计记账必须用数字，最早的楔形文字难道是数字？当然不是，5000年前苏美尔人记账的时候还不知道数字是什么东西。那他们怎么记呢？最初的楔形文字由图形符号组成。书吏用简单的图形把牛、羊、谷物、鱼等画下来，也就是说，用这一方式记录所要记录的事物。[①] 因为那时候苏美尔人已经开始种植谷物，饲养牛羊，大家来参加祭祀活动，就把粮食或者牛羊作为贡品交给祭司。于是祭司就用大麦粒、小麦粒，还有牛头、羊头来记账，泥板上刻的大麦粒、小麦粒，还有牛头、羊头越多，说明他们挣得越多。所以，苏美尔人发明的楔形文字开始时还不是"小钉子"，而是传说中的象形文字。楔形文字是从象形文字逐渐变成"小钉子"的。

　　怎么知道楔形文字是这么变化过来的呢？这就是考古学家的功劳了，考古学家从不同时期的文字记录中发现了这种变化。这些记录包括公元前2600年左右，据说是苏美尔第一大英雄吉尔伽美什的史诗；公元前2350年的一份几千字的政治改革文告；公元前2060年的可能是人类最早的法典（残缺）；以及公元前2000年的一座神庙的石碑，上面列出了所有建造者的名字；公元前1800年的一份帝王表；还有大约刻于公元前1700年著名的《汉谟拉比法典》[②]。考古学家从跨越将近1000年的记录中发现，随着时间的推移，这些刻在石碑、神像和陶泥板上的文字在逐渐发生变化。比如"头"字，从公元前3000年的仰着头的头像，变成公元前2000年的低着头的头像，又变成公元前1800年的一个像铅笔一样的图形，到公元前1000年左右变成了由几个"小钉子"组成的图像。楔形文字就是这样从复杂的、缺乏规律性的象形文字逐渐演变为比较简单的、有规律可循的、像小钉子一样的音节符号（图1-1）。

　　随着文字的演变，数字也出现了。有了数字，记账就更方便了。而且有了数字，数学也出现了。所以在考古学家发现的楔形文字里，有大量计数和数学的记录。考古发现的最早的记录——六十进位法，

---

① 斯塔夫里阿诺斯.2005.全球通史：从史前史到21世纪（上）.吴象婴，梁赤民，董书慧，等译.北京：北京大学出版社：60.

② 陈方正.2011.继承与叛逆：现代科学为何出现于西方.北京：生活·读书·新知三联书店：54-55.

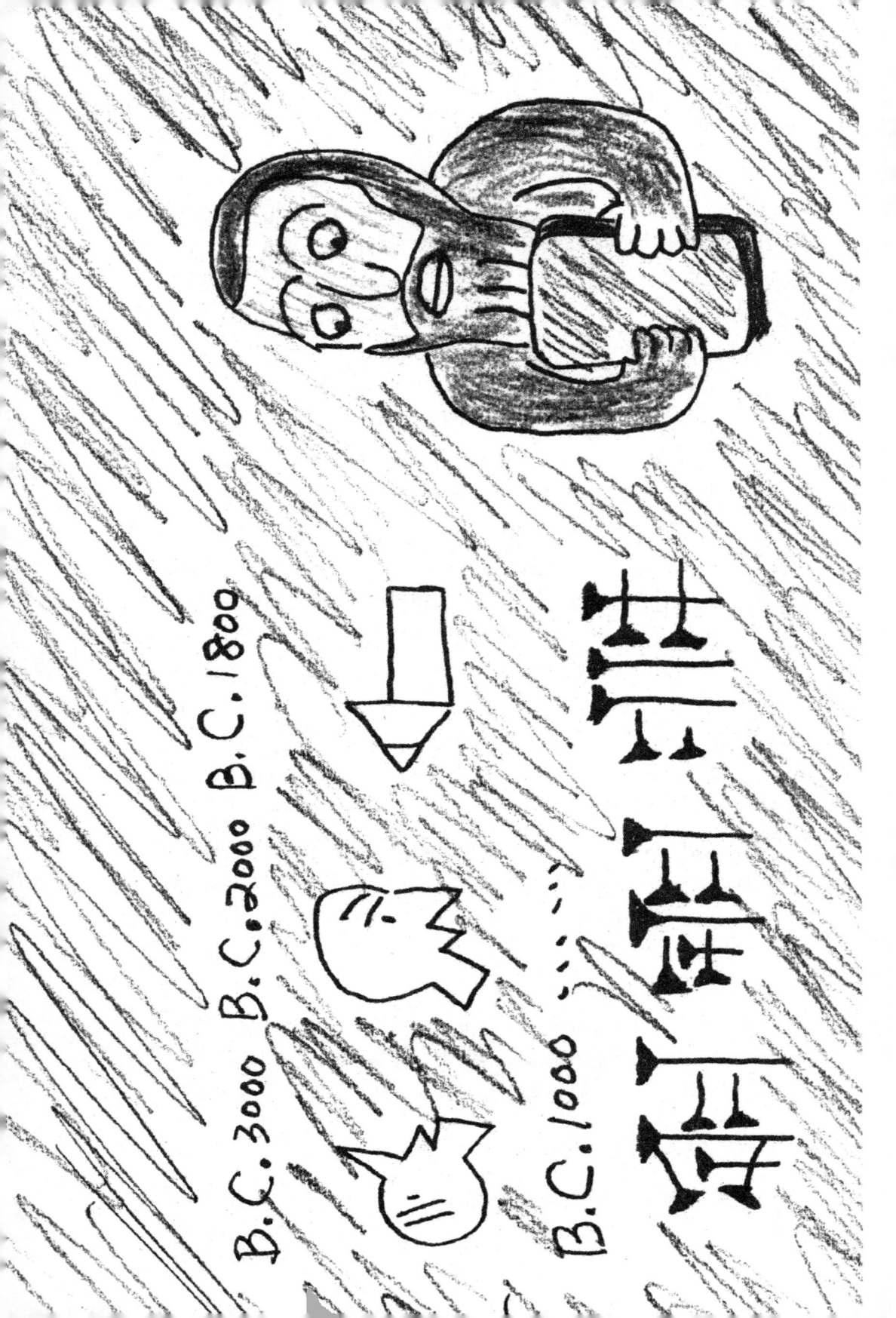

B.C. 3000    B.C. 2000    B.C. 1800    B.C. 1000

就出于苏美尔人记账的楔形文字。苏美尔人发明的六十进位法,来自天文学的观测,他们发现一颗恒星在天空运行,每天会改变位置,而恒星从一个位置再回到这个位置大约是360天,这就是360°圆周最早的起源。随着人类认识自然的不断进步,六十进位法又用于更复杂的圆形和球体的几何学计算、计时的六十秒等,如今,天文学、地球科学等学科还在使用六十进位法。

再来看看古埃及的象形文字。古埃及是个神秘的地方,直到今天,尼罗河边那个荒无人烟的石灰岩峡谷——帝王谷里,空气中仍然充满种种神秘感(图1-2)。

埃及的历史可以追溯到公元前5000年,1987年考古学家在埃及挖掘出埋在公元前3150年的一座法老墓里的象形文字。埃及的象形文字就像神秘的图画。埃及最著名的文字形式是象形文字(hieroglyphic),这个词的意思是"祭司使用的文字",是希腊人用于描述埃及装饰性字体的。[①] 原来埃及的象形文字也是祭司"玩"出来的。祭司"玩"出来的象形文字,也叫作圣书体,一般是刻在石头上的,既神秘又非常好看,不过也特别复杂。在后来的岁月里,祭司进行了创新,在圣书体的基础上又发展出僧侣体或者叫作行书体(hieratic glyph)和世俗体(demotic glyph)。创新的字体不刻在石头上,而是写在莎草纸或者羊皮上了,而且从表意的象形文字中逐渐演变出表音符号和部首符号。据说后来由腓尼基人"玩"出来的、欧洲字母文字的"老祖宗"——腓尼基字母的基础就来自古埃及文字。有人认为腓尼基字母是由埃及象形文字的圣书体演变而来的,还有人认为腓尼基字母是由叙利亚沿海的一种楔形文字乌加里特字演化而来的。无论从哪里演化而来,腓尼基字母就是现代欧洲人广泛使用的字母文字的老祖宗。

另外,苏美尔的楔形文字和古埃及的象形文字的发现,就像打开了一扇通往几千年前古代文明的大门,从两种文字的记载中,科学家、考古学家从中读到了发生在几千年前的神奇故事。不过,想从苏美尔的楔形文字和古埃及的象形文字里读懂几千年前的人记录的故事,首先要破解这些神秘的文字。这是一项十分艰巨的大工程。

---

① 詹森·汤普森.2012.埃及史:从原初时代至当下.郭子林译.北京:商务印书馆:29.

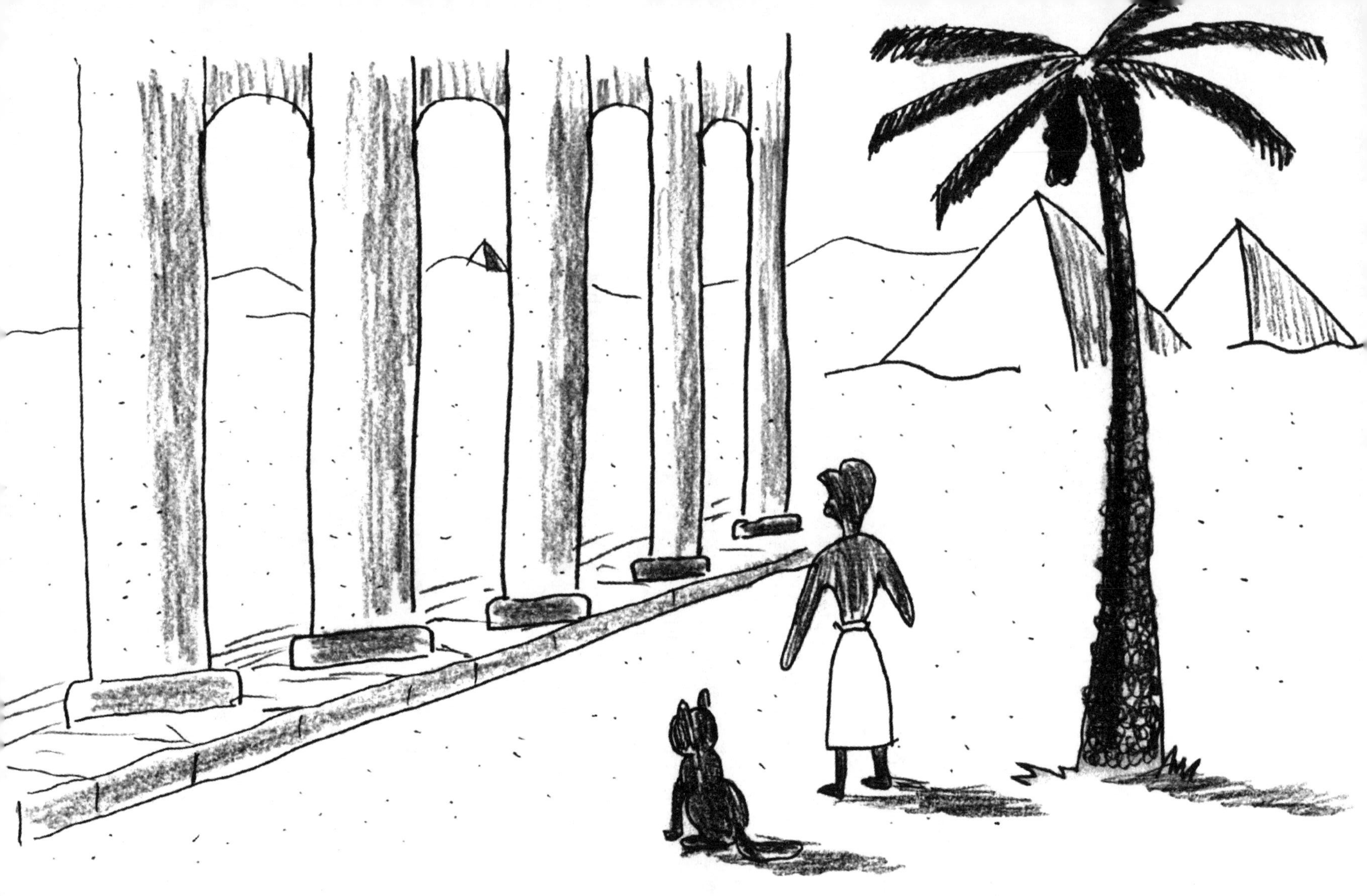

十七、八世纪，到近东去的欧洲旅行者经常带回一些泥板文书，上面有古代美索不达米亚①的楔形铭文。这些符号是用削尖的苇棍压印上去的，很明显是一种符号，如我们今天所知，被用来表现数千年前许多种不同的语言。若没有一把破解的钥匙，这些铭文便始终是不可理解的怪图像……解读楔形文字的工作不是由一位学者，而是由十几位学者持之以恒、孜孜不倦地奋斗了半个世纪才完成的。②

这是关于破解苏美尔的楔形文字的，而破解埃及的象形文字则开创了一门大学问——埃及学。那么，什么是埃及学？

18世纪末，踌躇满志的拿破仑率远征军来到埃及。拿破仑远征埃及，打开了埃及的大门，同时也揭开了古埃及文明的神秘面纱。拿破仑本人十分重视埃及的古迹，他敏感地意识到埃及这个东方古国，在人类文明史上占有极其特殊的地位。与拿破仑远征军同行的有1名数学家，3名天文学家，17名土木工程师，13名博物学家和矿山工程师，4名建筑师，8名画家，10名作家，22名带有拉丁文、希腊文和阿拉伯文等字盘的印刷工……跟随拿破仑远征军的共有175名由拿破仑精心挑选的有学问的文职人员。他们组成东征军科学与艺术委员会。③

埃及学就是从有学问的文职人员组成的东征军科学与艺术委员会在埃及的发现开始的。

1799年8月，法国士兵在尼罗河西支流罗塞塔入海口附近修筑防御工事。工程兵军官布沙德（Bouchard）指挥一群士兵挖掘战壕时，偶然挖掘出一块布满稀奇古怪文字的石碑断片。当时，法国士兵对这类埃及古物已经司空见惯，因此在场的许多人对这块残碑并不觉得有什么稀奇。但就是这块司空见惯的石碑最终成为打开古埃及文明迷宫的钥匙。④

这块石碑就是著名的罗塞塔石碑，是公元前196年托勒密王朝的公告。这块石碑由三种文字，即埃及圣书体、世俗体和古希腊语，刻在一

---

① 美索不达米亚是古希腊对两河流域地区的叫法，苏美尔文明即发源于这个地区。
② 保罗·G.巴恩.2008.剑桥插图考古史.郭小凌，王晓秦译.台北：如果出版社：106.
③ 王海利.2010.法老与学者——埃及学的历史.北京：北京师范大学出版社：40.
④ 王海利.2010.法老与学者——埃及学的历史.北京：北京师范大学出版社：44.

块 1 米多高、70 多厘米宽的黑色玄武岩上。

　　石碑上刻着三种文字，而古希腊文又是可以读懂的，因此发现罗塞塔石碑让学者如获至宝。通过石碑上的古希腊文，就可以破译出石碑上的另外两种象形文字了。于是埃及象形文字的破译工作开始了。但是破译工作是艰难的，直到 1822 年才宣布破译成功。法国著名语言学家、"埃及学之父"商博良（1790—1832）在巴黎科学院会议上宣读了《关于圣书体文字拼音问题致达西尔先生的一封信》，埃及象形文字从此被成功破译。不过，商博良由于工作太拼命，积劳成疾，42 岁就英年早逝。他留下了《埃及圣书体文字概要》《埃及语法》《圣书体文字辞典》等著作。这些书成为研究埃及学最早的著作，为埃及学的研究提供了宝贵的资料和严谨的科学方法。

　　苏美尔的楔形文字和古埃及的象形文字，印证了美国历史学家斯塔夫里阿诺斯"文字就是祭司们出于记事的需要而做出的一大发明"[1]的说法。另外可以看到，"两国的文字都是从象形的图画开始的。这些图画很快就约定俗成，因而语词是用会意文字来表示，就像中国目前仍然通行的那样。在几千年的过程中，这种繁复的体系发展成了拼音的文字"[2]。苏美尔和古埃及的两种文字，在历史的长河里不断变化，于是苏美尔的"小钉子"和古埃及神奇的图画逐渐走到了一起，然后演变成腓尼基字母。这种演变更重要的结果是，创造了古希腊文明。"对于希腊人最重要的结果之一，就是使他们学会了书写的艺术……希腊人从腓尼基人那里借来这种字母加以改变以适合他们自己的语言，并且加入了母音而不是像以前那样仅有子音，从而就做出了重要的创造。毫无疑问，获得了这种便利的书写方式就大大促进了希腊文明的兴起。"[3]古希腊字母在后来的岁月里又演变出现代欧洲的各种拼音字母。

　　那中国的文字是什么情况？也是祭司发明的吗？

---

[1] 斯塔夫里阿诺斯.2005.全球通史：从史前史到 21 世纪（上）.吴象婴，梁赤民，董书慧，等译.北京：北京大学出版社：52.

[2] 罗素.1963.西方哲学史·上卷.何兆武，李约瑟译.北京：商务印书馆：2.

[3] 罗素.1963.西方哲学史·上卷.何兆武，李约瑟译.北京：商务印书馆：9-10.

## 二、乌龟壳上的秘密

关于中国字是怎么出现的这件事，在中国早就有人在猜测和研究。齐国稷下学宫的儒家经典《荀子》里这样写道："好书者众矣，而仓颉独传者，壹也；好稼者众矣，而后稷独传者，壹也；好乐者众矣，而夔独传者，壹也；好义者众矣，而舜独传者，壹也。"[①]意思是，凡事都有个开始，都是从一个人那里传承下来的。比如，喜欢读书写字的人多了，最开始懂得读书写字的只有一个人，他就是仓颉；懂得种庄稼的人也很多，第一个懂得种庄稼的人也只有一个，他是后稷；喜欢音乐的人很多，第一个玩音乐的是夔（夔是一种神兽。传说黄帝战蚩尤的时候用夔的皮做鼓面，用夔的骨做鼓槌，这个鼓的鼓声可以传几百里。于是，人们就把这个故事当作音乐的起源）；懂得义的人也很多，第一个把义传递给大家的是舜。所以，《荀子》认为第一个"玩"文字的人是仓颉。《荀子》一书出自公元前4世纪，几百年以后的公元1—2世纪，东汉的许慎写了中国第一部按照偏旁部首编排的字典《说文解字》，在《说文解字》里许慎这样写道："黄帝之史仓颉，见鸟兽蹄迒之迹，知分理之可相别异，初造书契。"许慎进一步证实了《荀子》中的话，他告诉我们，仓颉是黄帝手下的一名史官，他受到小鸟和野兽脚印的启发，根据事物的异同，"玩"出了文字。

中国还有一些古籍里讲了不一样的造字故事，不过这些故事无论讲得多么活灵活现，多么有根有据，却都是传说，没有任何证据可以证明曾经有过一个会造字的"黄帝之史仓颉"。真的想发现中国字是从哪儿来的，谁发明的，还得靠科学，靠像发现埃及象形文字的拿破仑精心挑选的"有学问的文职人员"那样的学者、考古学家。说起学者、考古学家，中国也有一个和拿破仑挖战壕的时候发现罗塞塔石碑差不多很神奇的故事，怎么回事呢？

这个故事比较长……

---

[①] 徐文靖.1986.荀子//二十二子.上海：上海古籍出版社：341.

话说在 19 世纪的最后一年（1899 年），清朝即将分崩离析，中华民族陷入苦难深渊的时刻，当时有一位名叫王懿荣（1845—1900）的国子监祭酒①，王懿荣是个有学问的人，他学识渊博，而且是个金石学家。什么叫金石学？金石学就是研究古代文字的学问。在还没有竹简和纸张以前，中国的古文字都留在青铜礼器、祭器或者石碑上，研究这些留在青铜礼器、祭器或者石碑上的古文字的学问就叫金石学。

有一天，这位金石学家王懿荣家里有人生病了，佣人就从药房抓回来几副中药。王懿荣是个满脑子好奇的仔细人，还通晓几分医术，佣人抓药回来后他就把药包打开，一样样地查看里面的药材。这时，他拿起了一块龙骨，故事就从这块龙骨开始了。

龙骨是什么？它是一种比较常见的中药材，"益肾镇惊，止阴疟，收湿气，脱肛，生肌敛疮"②，这味神奇小药有镇定作用，可以治疟疾。龙骨其实就是化石，是远古时代留下的各种动物的骨骼，如霸王龙的、猛犸象的、乌龟的。王懿荣拿的这块是乌龟壳。他看见这块乌龟壳上有一些奇怪的痕迹，于是仔细地端详了起来。只见乌龟壳上面有几个小洞，小洞边上有裂痕，裂痕边上还有一些刻痕，他越看这些刻痕越觉得像文字。王懿荣想，难道这块乌龟壳是古代先民留下的遗物？如果真的是古代遗物，岂不是个惊天动地的大发现！

自从发现作为药材的乌龟壳上面的刻痕可能是古代文字以后，满脑袋好奇的王懿荣就开始大量收集药房里作为龙骨卖的乌龟壳。除了从药房买，他还让人到各处去搜集，据说王懿荣在很短的时间里就收集了 1500 多块乌龟壳。王懿荣的金石学功底深厚，经过他的研究，他认定这些乌龟壳是上古殷商时代占卜用的，上面刻画的痕迹是比籀文③更早的文字。王懿荣怎么就断定这些乌龟壳上刻的就是殷商时代占卜的文字呢？难道他穿越了，跑去问过殷商时代的占卜师？穿越是神话，王懿荣是位金石学家，不用穿越，他用自己的学问就发现了其中的奥秘。他看到，乌龟壳上总出现两个痕迹"ꞌ¦""ϟ"，这两个痕迹和他认识的籀文"八"

---

① 国子监是清朝的最高学府，就在现在北京雍和宫西边的孔庙之内。祭酒是国子监里的一个官职。

② 李时珍. 2015. 本草纲目·下册. 北京：人民卫生出版社：2375.

③ 籀文也叫大篆，是战国时期秦国使用的文字。

"ι"很像。这两个籀文就是"小""乙"两个字。那"小""乙"是什么意思呢？王懿荣开始在他读过万卷古籍的脑海里寻找，突然他想到《史记·殷本纪》里有一句："帝小乙崩，子帝武丁立。"这句话是说，殷商时代的一个帝王"小乙"死了以后，他的儿子"武丁"继位。司马迁说了，"小乙"是殷商的一位帝王，那不用说这些乌龟壳应该是来自殷商小乙王的时代了。那他怎么断定这些就是占卜用的呢？还是在他读过万卷古籍的脑海里找到的，《礼记》里有这么一句，"殷人尊神，率民以事神，先鬼而后礼"，意思就是说，殷商时代的人尊崇鬼神，全民都信神，而且凡事先要敬鬼。于是王懿荣便得出结论："此乃殷人占卜用之乌龟壳也！"（图1-3）

前面说了，王懿荣生在中华民族危难的时刻，他自己也是命运多舛。1900年，王懿荣受命为京师团练大臣，可团练哪里是扛着洋枪、拖着洋炮的八国联军的对手，北京很快被攻陷。王懿荣是一位刚烈的忠臣，誓死不做亡国奴，携妻子投井自杀，自杀前作绝命诗云："主忧臣辱，主辱臣死……"年仅55岁。

虽然王懿荣走了，但甲骨文留下了，甲骨文的研究就像接力赛一样开始了。1900年，王懿荣是第一个发现甲骨文的人，但是还没来得及做任何研究就去世了。而满脑子好奇的王懿荣发现甲骨文的过程，不像过去的中国学者，动不动就考据训诂。他用的是实证方法，是从古籍的字里行间去寻找历史的证据，而不是去考证古籍里的名词出自哪个典故，所以他用的是科学方法。而接过这场接力赛第一棒的人是谁呢？他的名字叫刘鹗（1857—1909），字铁云。刘鹗是谁？他是清代著名作家，《老残游记》的作者。他是怎么开始接力赛的呢？刘鹗和王懿荣是好朋友，王懿荣去世以后，他从王懿荣儿子手中买下了1000多片甲骨，加上他自己搜集的甲骨，一共搜集到大约5000片。刘鹗得到甲骨以后不是找个鉴宝人估价，然后出个大价钱卖了，而是对这5000片甲骨进行了筛选、甄别，把其中字迹比较清楚的1000片做了拓片。1903年，刘鹗用这些拓片在抱残守缺斋[①]石印出版了一本《铁云藏龟》。《铁云藏龟》成为有史以来的第一本甲骨文集录，相当于甲骨文的第一本字典。刘鹗在

---

[①] 抱残守缺斋是刘鹗为自己的书房起的名字。

图 1-3　王懿荣发现甲骨文

书里确认，甲骨上的这些文字是"殷人刀笔文字"，于是世人便知甲骨文了。

甲骨文被发现并且公之于众以后，破解甲骨文的接力赛就算正式开始了。中国学者破解甲骨文的过程，甚至比西方"由十几位学者持之以恒、孜孜不倦地奋斗了半个世纪才完成的"。破解楔形文字的过程时间更长。中国在发现甲骨文100年的时候，也就是1999年，破解的甲骨文只有大约1000个字，所以研究甲骨文的接力赛一直到今天都没有停止。

破解甲骨文的接力赛是从王懿荣和刘鹗开始的，他们虽然没有弄清楚甲骨文到底是怎么回事儿，但是他们做的事情为甲骨文的研究奠定了基础，王懿荣和刘鹗成为研究甲骨文最早的两位先驱。可遗憾的是，在动荡不堪的岁月里，王懿荣去世以后，刘铁云的厄运也降临了，1909年他遭人诬告，被流放新疆，客死他乡，年仅35岁。庆幸的是，甲骨文的研究并没有因为两位先驱的离世而停下来。

前面我们讲了仓颉造字的故事，还说过除了仓颉，中国还有一些其他造字的传说，包括儒家经典《易经》，《易经》里也提到文字起源的问题。《易经·系辞下》中这样写道："上古结绳而治，后世圣人易之以书契。"意思是说，上古时代人们靠结绳记事，没有文字，后来有圣人把结绳变成了书契。什么是书契呢？书契和甲骨文有关系吗？

对于这个问题，王懿荣和刘鹗还回答不上来，答案得去找另外一个人，找谁呢？这个人是第一个正式研究甲骨文的人，他写了一本书《契文举例》。这本书序言的第一句话是"文字之兴，原始于书契……"①意思是，中国文字最早就是从书契而来的。

这个人是谁？他就是中国第一个对甲骨文进行研究的孙诒让（1848—1908）。孙诒让是清朝末年一位具有现代科学知识的中国旧知识分子，也是一位金石学大家。据说《铁云藏龟》出版以后，引起了不小的轰动，可是很多学者认为甲骨文是卖古董的奸商搞的名堂，根本不值一提，也不相信。不相信甲骨文的人里还包括著名思想家章太炎先生。刘鹗出版了《铁云藏龟》以后不久的1904年，孙诒让也得到了这本书。

---

① 孙诒让.2016.契文举例.北京：中华书局：7.该书手抄本为《契文举例》。

不过孙诒让看到这本书以后没有怀疑，他还这样说：

料想不到的，在我垂暮之年，我可以看到古文字这些奇异的古老的痕迹。它们使我非常着迷，以致有两个月之久，我不能停止地阅读它们、研究它们。一直到最后，在使用注释与评语的情形下，我找到了解这些古代文件的某种办法。①

甲骨文才刚刚被发现，孙诒让怎么这么快就"找到了解这些古代文件的某种办法"了呢？因为孙诒让学问大啊！"这位学者或许是清朝末叶最有学问者之一"②。孙诒让不仅学问大，还是朴学大师。朴学讲究"无征不信"，征就是找证据，孙诒让有证据。他只用了两个多月的时间就写出了《契文举例》，这本书虽然一直到1917年才出版，却成了有史以来研究甲骨文的"老祖宗"。

在《契文举例》的序言里孙诒让这样写道：

文字之兴，原始于书契。契之正字为栔，许君训为刻齧辞于竹木，以筭法数斯谓之。栔契者其同声……诗大雅緜云，爰始爰谋，爰契我龟。毛诗诂，契为开，开刻义同，是知栔刻，又有施之龟甲者。周礼筮氏掌其燋契，以待卜事……杜子春云，契谓契龟之凿也……凿将卜开，甲俾易兆，卜竟记事，以征吉殆。③

这段话拿到现在不太容易读懂，老先生引经据典，大多数典故又是我们不大熟悉的。不过，如果耐下心来认真读一下老先生的这段话，你就会发现老先生的学识之渊博，以及他令人敬佩的治学精神：严谨之逻辑，一丝不苟之态度，孜孜以求之治学精神。下面我们就来慢慢解读。

大概当时很多的学者都对甲骨文表示怀疑，针对人们的怀疑，孙诒让在《契文举例》一书的序言里以他的博学，以他"无征不信"的朴学求证，告诉大家甲骨文不是忽悠人的，是几千年前中国真正的古文字。

首先孙诒让先生告诉大家，中国文字最早就来自契刻，"文字之兴，原始于书契"。然后他解释了"契"字的来源。"契"字原来是"栔"字，

---

①② 李济.1995.安阳.贾世恒译.台北：台北"国立"编译馆：11.
③ 孙诒让.契文举例（手抄本）.私人收藏：序1.

许慎认为，因为古代把文字刻在竹子或者木头上撰写文章，所以开始"契"字下面的部首是木，写成"栔"，而且"契"和"栔"两个字同声，"契之正字为栔，许君训为刻凿辞于竹木，以箸法数斯谓之。栔契者其同声。"这里"箸"有筷子的意思，同时"箸"和"著"是一个字，所以"以箸法数斯谓之"就是著录或者撰写文章。知道了"契"字的来源，下面孙诒让先生接着解释书契是怎么来的。他先用《诗经》中的一句诗举例，诗里是这样写的，在开始筹备做一件事情以前，"爰始爰谋"，就是在乌龟壳上刻画，"爰契我龟"。对此，毛亨解释说，契是开的意思，开和刻是一个意思，所以书契就是刻的书，而且是刻在乌龟壳上，"毛诗诂，契为开，开刻义同，是知栔刻，又有施之龟甲者。"知道了什么是书契，那书契为什么要刻在乌龟壳上呢？孙诒让先生接着用证据告诉大家是怎么回事儿。他说《周礼》里筮氏是掌管占卜烧灼和契刻甲骨的官员，而烧灼契刻都是用来占卜的，"周礼筮氏掌其燋契，以待卜事"。东汉的大儒杜子春说，契就是在乌龟壳上刻字的凿子，用凿子把占卜的结果刻下来，把占卜的过程记录下来，"杜子春云，契谓契龟之凿也……凿将卜开，甲俾易兆，卜竟记事，以征吉殆。"

孙诒让从《易经》《说文解字》《诗经·大雅》《毛诗》《周礼》等典故中引证，从"契"字的来源，到书契，再到"施之龟甲者"，一直到契就是在龟骨上刻字的凿子，经过孙诒让先生如此丝丝相扣的一番求证，谁还会怀疑甲骨文是骗人把戏呢？经过孙诒让先生的一番求证，不但中国没有人再怀疑甲骨文，连《全球通史：从史前史到21世纪》的作者、美国教授斯塔夫里阿诺斯对中国的甲骨文也充满了好奇和兴趣：

幸存到今天的商朝文字大都发现于龟甲兽骨上，这些龟甲兽骨是当时占卜吉凶祸福用的——这也是中国人的一个独特的习俗。他们把有关疾病、梦、田猎、天时、年成等方面的疑问刻在龟甲兽骨上……[1]

消除了人们对甲骨文的怀疑，孙诒让接着又对书契，也就是像甲骨文一样用凿子契刻的文书之所以会在人间绝迹几千年做了一番分析：

---

[1] 斯塔夫里阿诺斯.2005.全球通史：从史前史到21世纪（上）.吴象婴，梁赤民，董书慧，等译. 北京：北京大学出版社：70.

汉承秦燔之后，所存古文旧籍，如淹中古经西州胜简，皆漆书也，汲冢竹书出晋太康初，亦复如是，然则契刻文字自汉时已罕观，迄今数千年，人间绝矣。①

他说，汉朝继承的是秦朝焚书以后的烂摊子，留下的古文和古籍，像"淹中古经"（就是从曲阜孔子家墙壁里发现的古代经典），还有"西州胜简"（就是在西域发现的简牍），都不是契刻的甲骨文，而是漆书，漆书其实就是用墨汁写的。连西晋的时候发现的《竹书纪年》（汲冢竹书）也都是用墨汁写的，像甲骨文一样契刻的文字从汉朝开始就已经非常罕见，到现在几千年过去了，在人间几乎绝迹了。

说完了典故，接着孙诒让先生开始讲甲骨文的故事了：

迩年，河南汤阴古羑里城掊土得古龟甲甚夥，率有文字，丹徒刘君铁云集得五千版，甄其略明晰者千版，依西法拓印，始传于世，刘君定为刀笔书，余谓考工记筑氏为削，郑君训为书刀刀笔画，即契刻文字也……②

他说，最近在河南安阳发现了很多龟甲（这里说的河南汤阴古羑里城，就是河南安阳现在的殷墟），很多上面都有文字。江苏丹徒的刘鹗收集到5000片，他把其中比较清晰的，依照西方的印刷方法，印出拓片，流传于世。刘鹗认为，古龟甲上的文字是"刀笔书"，我认为就是《考工记》里说的"筑氏为削"。"筑氏为削"是春秋时期介绍各种手工艺技艺和制造方法的书籍《考工记》里的一句话。什么是筑氏为削呢？清朝著名学者戴震在他所著的《考工记图》一书中对"筑氏为削"的注释是：今之书刀。③什么是刀书呢？我们今天说的文房四宝包括笔、砚、纸、墨四样宝贝，古代不是四宝，而是五宝，另一宝就是书刀。书刀是干什么用的呢？过去写作是在竹简上写，写错了字怎么办？那时候没有橡皮，就用文房第五宝书刀把写错的字刮掉，再写上正确的字。而在更早的殷商时代，书刀就是笔，是在龟甲上刻字用的，所以叫刀笔书。后来有了毛笔和墨汁以后，书刀才逐渐演变成修改用的刀削。孙诒让接

---

①② 孙诒让.契文举例（手抄本）.私人收藏：序1背面.
③ 戴震.2014.考工记图.陈殿校注.长沙：湖南科学技术出版社：94.

着说，刘鹗说的"刀笔书"就是《易经》里说的书契。东汉大学者、著名古文字学家郑玄也说"书刀刀笔画"，就是用刀子刻画的文字。经过孙诒让先生如此不厌其烦的解释，中国最早的、刻在乌龟壳上的、契刻的、与苏美尔楔形文字和古埃及象形文字类似的古代文字甲骨文便毫无悬念地呈现在了世人面前。

曾经在清华国学院与四大导师共执教鞭的"中国考古学之父"李济先生在《安阳》里这样说：

> 田野考古学家确切知道：至少早到隋朝，如果不是更早，"殷墟"即被用作一个墓地。有证据显示：当隋代的人在此掘坑埋葬其死人时，他们常找到藏在下面的有字甲骨。如果当时能有一些像十九世纪古文字学家那样修养有素的学者发现这一藏宝，则早一千三百年中国学者便已可能知道甲骨文了。[①]

可是，1300年前没有这样修养有素的学者，所以由学贯东西的孙诒让先生开先河的甲骨学，不但成为一门研究甲骨文的学问，还成为用科学的方法研究中国古代历史的开端。甲骨学给古老的中国带来了一缕春风，也带来了翻天覆地的变化。

## 三、书契的启示

甲骨文的发现，与发现古埃及的象形文字、苏美尔的楔形文字一样，不仅仅是发现了几个古代的文字，这些发现还让我们对古代有了更深切的认识和了解。通过这些文字，科学家，主要是考古学家和人类学家瞬间可以穿越几千年的时光，真真切切地去了解和倾听隐藏在千年历史背后那遥远时代的一个个神秘而又有趣的故事。这些刻着字的乌龟壳、纸莎草、陶泥板真是大宝贝，刻在它们上面的那些让人伤透脑筋

---

① 李济.1995.安阳.贾世恒译.台北：台北"国立"编译馆：1.

的小字，一旦认出来，它们就会变成一个个小信使，带着我们穿越时光。我们则可以沿着小信使留下的一串串小脚印，去倾听发生在那个遥远时代的许多故事，并从东西方古代文字中发现东西方在思维上不同的特点。

  如何从甲骨文中去了解和西方不同的思维方式呢？要了解甲骨文带给中国人的思维方式，首先要了解中国人使用甲骨文的时代，只有了解了那个时代，才可以听懂甲骨文这个小信使给我们讲的故事。那甲骨文是哪个时代的呢？王懿荣把这些甲骨定为殷商时代遗物，要对殷商时代有所了解就要去读古籍。记载殷商时代的古籍不太多，但是也有。像前面孙诒让说的"汲冢竹书"，也就是《竹书纪年》就记载了殷商时代。该书从商朝的开国帝王汤（大约公元前1600年）如何把夏朝的夏桀推翻，写到商朝最后一个帝王纣王怎么被周武王赶走，即所谓"汤灭夏以至于受二十九王，用岁四百九十六年"[①]的历史。书里都记载了什么事情呢？比如，"十八年癸亥王即位，居亳，始屋夏舍，十九年大旱，氐羌来贡，二十九年大旱。"[②]这里讲的是商朝的开国帝王汤，在夏桀十八年登上王位，从此开始了中国一个新的朝代——商朝。商汤登上王位以后，他们仍然住在夏朝的都城亳，亳在现在大概河南东部的商丘。接着记载的是商汤即位以后，有少数民族氐羌人来进贡，氐羌是生活在甘肃到青海一带的一支古老的游牧民族。这个记载说明，那时候他们与中原地区来往密切。这一段中还记载了两次时间相隔十年的大旱灾。此外，《尚书》记载了不少商朝的事情，《尚书》里有几篇《商书》，记录的都是商朝的各种文书。比如，"今尔有众，汝曰'我后不恤我众，舍我穑事而割正夏？'……"[③]这段话是商汤对下属的一个讲话稿，意思是他发誓要推翻夏朝残暴的统治。另外，司马迁的《史记·殷本纪》也是专门讲殷商时代的。司马迁不但讲了商朝各个商王，还讲了一些商朝实际生活的场景和故事。在写商汤开国的时候，司马迁说："汤乃改正朔，易服色，上白，朝会以昼。"意思就是，汤建立商朝以后，实行了新的历法，"改正朔"，换了衣服的颜色，什么颜色呢？他们穿白衣裳，"易服色，

---

[①] 徐文靖. 1986. 竹书纪年统鉴 // 二十二子. 上海：上海古籍出版社：1071.
[②] 徐文靖. 1986. 竹书纪年统鉴 // 二十二子. 上海：上海古籍出版社：1062.
[③] 慕平. 2009. 尚书. 北京：中华书局：82.

上白",还把上朝的时间改为白天,"朝会以昼"。在《殷本纪》的最后,司马迁还引用了孔子的一段话"孔子曰,殷路车为善,而色尚白"。孔子说,殷商时代的路上车很多,开车技术也很不错,喜欢白颜色。这段话除了证实司马迁前面说的"易服色,上白"不是瞎说的,还说明那时候的人出门也可以坐车了。

而和文字发明有关的祭祀活动,也有相关的记载。其中《礼记》记载了商朝人喜欢占卜的原因和基本的方法,"殷人尊神,率民以事神,先鬼而后礼""龟为卜,筴为筮。卜筴者,先圣王之所以使民信时日、敬鬼神、畏法令也"。[①] 前一句的意思是,殷商时代的人非常尊敬神明,凡事都要先占卜。后一句说的是怎么占卜,就是用龟骨和荚豆占卜,"龟为卜,筴为筮"。用龟骨占卜是卜,用豆荚、蓍草占卜是筮,卜、筮两个字的意思都是占卜。最后一句是说,先王就是用占卜来让我们大家明白如何区分时日,信鬼神,畏惧法令的。另外从《诗经·大雅·緜》里还可以了解到,商朝用乌龟壳占卜的方式一直延续到了周朝,"周原膴膴,堇荼如饴。爰始爰谋,爰契我龟,曰止曰时,筑室于兹。"这首诗是讲周朝的先王带领大家迁徙到周原(现在的陕西宝鸡)以后,看到周原土地肥沃,连苦菜都是甜的,"周原膴膴,堇荼如饴"。到达周原以后,先王开始谋划将来的事情,于是契刻乌龟壳占卜,"爰始爰谋,爰契我龟",然后按照占卜测绘的风水宝地,盖上房子,"曰止曰时,筑室于兹。"

这些古籍为我们描绘了殷商时代一个大致的轮廓,即殷商是从夏朝走出来的,喜欢穿白衣服,出门可以坐车,与青海的少数民族联系比较密切,凡事都喜欢用乌龟壳占卜。那么,这个时代中国人的思维和西方会有什么不同呢?这个问题仅仅从古籍里讲的那些模模糊糊的故事是不可能了解的。在甲骨文发现以前,殷商时代仍然隐藏在历史的迷雾中。而甲骨文的发现,才让迷雾逐渐消散开来,通过一个个学者孜孜不倦的努力,小小乌龟壳上的甲骨文像来自殷商时代的小信使,开始给大家讲故事了。

不过要想听甲骨文讲故事,首先就要读懂甲骨文,破解甲骨文,而第一个对甲骨文进行辨认和分类整理、试图破解甲骨文的学者就是孙诒让先生。他如何破解的呢?前面引用李济先生在《安阳》里讲孙诒让

---

① 王文锦.2001.礼记·曲礼上.北京:中华书局:31.

"在我垂暮之年，我可以看到古文字这些奇异的古老的痕迹"这段话，也出自孙诒让先生的《契文举例》。这段话的原文是：

顷始得此册，不意衰年，睹兹奇迹，爱玩不已。辄穷两月力校读之，以前后复重者参互审绎，乃略通其文字。①

孙诒让先生继续写道：

大致与金文相近，篆书尤简省，形声多不具，又象形字颇多，不能尽识。所称人名号未有谥法，而多甲乙为纪，皆在周以前之证。②

他认为甲骨文与金文相近，和篆书相差比较远，甲骨文形声的字几乎没有，多数是象形字，很难辨认。孙诒让先生凭借自己深厚的金石学功底，在他的《契文举例》中对甲骨上刻的文字做了第一次辨认和分类。

孙诒让先生把他在《铁云藏龟》上看到的甲骨文分为八类："月日第一""贞卜第二""卜事第三""鬼神第四""卜人第五""官氏第六""方国第七""典礼第八"。这八类基本涵盖了殷商时代人们生活的方方面面。

什么是"月日第一"呢？孙诒让先生这样写道：

龟甲文简略，多记某日卜，故今存残字亦日名最多，十干惟乙巳二字与小篆同，余则多差异。③

孙诒让先生说，甲骨文很简略，占卜的时候经常会记下占卜的日子，所以保存下来的字里记日子的名词最多。十干（就是现在天干地支里的十天干）里，除了乙、巳两个字和篆字一样，其他都和现在的字有差异。在"月日第一"这部分，孙诒让先生主要研究了甲骨文里关于记日月的天干地支的文字。天干地支是中国特有的一种循环计数方法，可见这种方法在殷商时代已经有了。

孙诒让先生的《契文举例》就是从天干地支、贞卜、卜事、鬼神等八个分类，"以他对金文深厚的知识为基础检视甲骨文的每一个字。他持续地用了两个月的工夫，积累下来的笔记成了他的研究成果《契文举

---

①② 孙诒让.契文举例（手抄本）.私人收藏：序2.
③ 孙诒让.契文举例（手抄本）.私人收藏：上1.

例》一书。"①在"贞卜第二"里,老先生还从甲骨文中出现的"贝"字发现了"贞"字。怎么回事呢?首先孙诒让先生发现殷人占卜常用"贝"字,很多"贝"字的意思看上去是一种奖赏。但有些"贝"字又不像,经过老先生的一番研究考据和推论,"以义求之,当为贞字之省。说文卜部:'贞,卜问也,从卜贝……'"②"贞"字是通往甲骨文破解之路上一个很重要的字。

孙诒让老先生写完《契文举例》以后,在1906年左右又写了一本书《名原》。这本书是老先生对甲骨文所做的进一步研究,在这本书里,他总结出一套辨识甲骨文的方法。"他的研究工作是追踪于金文、卜骨记录、周代石鼓上与贵州摩崖石刻上文字(古代苗族文字),并且拿它们与在许慎时代仍然通行的古籀文基本文字相比较。"③于是孙诒让先生就像法国的商博良开创埃及学一样,在中国开创了一门全新的学问——甲骨学。孙诒让先生的《契文举例》《名原》为后来的研究者辨识甲骨文提供了最早和非常好的方法,成为甲骨学研究的开山之作。

在这场由王懿荣、刘鹗发起,孙诒让开创的甲骨学研究的接力赛中,出现了很多著名的甲骨学大家,他们之中有罗振玉、王国维、王襄、叶玉森、郭沫若、董作宾、商承祚以及日本第一位研究甲骨文的学者林泰辅等。在后来的岁月里,这些学者接过孙诒让的接力棒,孜孜不倦写出了更多关于甲骨学的著作。其中有罗振玉的《殷商贞卜文字考》《殷墟书契考释》《增订殷墟书契考释》,王国维的《殷卜辞中所见先公先王考》《殷卜辞中所见先公先王续考》,王襄的《簠室殷契徵文》,郭沫若的《卜辞通纂》,董作宾的《殷历谱》等。中国的甲骨学和当年拿破仑远征军里"有学问的文职人员"开创的埃及学一样,逐渐拨开了历史的迷雾。那些写着字的乌龟壳就像来自远古时代的小精灵,给大家讲述着一个个远古时代的故事。

在孙诒让确定甲骨文是来自殷商的刀笔契文并开创甲骨学以后,中国出现了著名的"甲骨四堂",分别是"雪堂"罗振玉、"观堂"王国维、"鼎堂"郭沫若、"彦堂"董作宾,他们都是接过孙诒让接力棒的大学者。

① 李济.1995.安阳.贾世恒译.台北:台北"国立"编译馆:23.
② 孙诒让.契文举例(手抄本).私人收藏:上6.
③ 李济.1995.安阳.贾世恒译.台北:台北"国立"编译馆:23.

下面分别看看这"四堂"研究的甲骨学。

第一位接过孙诒让老先生接力棒的学者是"雪堂"罗振玉（1866—1940）。罗振玉，号雪堂，清末大学者、金石学家和敦煌学家，一生著作189种，校勘书籍642种。他和刘鹗是好朋友，罗振玉最初在刘铁云的家中接触到有字甲骨。甲骨文的许多墨拓给他留下极深刻的印象，以致在他第一眼看到这些笔迹时，便评说："自汉代以来小学家若张（敞）、杜（业）、杨（雄）、许（慎）所得见者也。"[1] 另外，他和孙诒让也是朋友，他也许是最早读到《契文举例》的学者。这一切都强烈地吸引了他，"罗振玉很为这一新发现所感动，以至于他以为自己非负责流传、宣扬并使它永远成为中国古代语言知识一部分不可。"[2] 于是，他自己开始收集甲骨，在上千片带字的甲骨，加上《铁云藏龟》上的拓片以及孙诒让先生指出的研究方法的基础上，经过"他孜孜不懈地全神贯注于这些纯真标本以及墨拓的仔细检查"[3]，得到了重要的成果。他从收集的甲骨中选择了大约700片进行研究，从1910年开始陆续出版了几本甲骨文的专著，其中有《殷商贞卜文字考》《殷墟书契考释》等。500多个甲骨文字被罗老先生给认出来了。

在《殷墟书契考释》里，罗振玉通过辨识出来的甲骨文，对殷商时代占卜的程序进行了研究。罗振玉的研究方法和孙诒让先生的一样，也是"无征不信"，对甲骨文的任何一个推测都必须有证据，所以，他的文章里也引用了大量典故。我们来看看罗振玉是如何研究的。

罗振玉把占卜的过程分为六个步骤。一曰贞，"郑司农曰，贞问也，国有大疑问，于蓍龟"[4]。意思是，郑司农（东汉经学家）说国家遇到什么有疑问的事情，比如灾害或者天上出现彗星，就需要贞问，贞问就是占卜，怎么占卜呢？用蓍草或者乌龟壳。二曰契，"杜子春曰，契谓契龟之凿也……又笺大雅緜之篇，爰契我龟，曰契灼其龟而卜之……"[5] 意思是，东汉经学家杜子春说，契就是在乌龟壳背面刻字的凿子。另外如《诗经·大雅·緜》里描绘的，爰契我龟，契就是占卜以前在乌龟壳上钻几个洞，然后用火烧灼，使洞的周围产生裂纹。三曰灼，"筮氏掌

---

[1] 李济. 1995. 安阳. 贾世恒译. 台北: 台北"国立"编译馆: 23.
[2] 李济. 1995. 安阳. 贾世恒译. 台北: 台北"国立"编译馆: 24.
[3] 李济. 1995. 安阳. 贾世恒译. 台北: 台北"国立"编译馆: 25.
[4][5] 罗振玉. 2006. 殷墟书契考释. 北京: 中华书局: 49.

共燋契……至所灼之处，经注未明言"。① "簭氏"是什么意思呢？《说文解字》中的解释是，"周礼假垂为簭。垂氏掌共燋契。"簭氏就是占卜的巫师。罗振玉认为，占卜以后在乌龟壳灼过的地方，辨认乌龟壳上"未明言""经注未明言"。怎么是"未明言"呢？因为占卜算命是为未来做预测，所以预测的结果是还没有发生的，是未来进行时的事情，所以是"未明言"。四曰致墨，"卜师扬火以作龟致其墨"。② 致墨大概是用黑墨涂在烧过的龟骨上，让裂纹更明显。五曰兆坼，"占人凡簭君占体，注体兆象也，正义体兆象也者，谓金木水火土五种之兆"③，就是根据烧过的龟骨上出现的裂纹，"坼"就是裂开的意思。裂缝形成的图形就是体兆象，体兆象就是预兆吉凶的五种象，金、木、水、火、土。六曰卜辞，就是把占卜的结果刻在龟骨上。

罗振玉在他的《殷墟书契考释》里，还用辨识出的几百个甲骨文对一些卜辞做了梳理，"释其可读者，其不能确定之字，则依原形写之"。④ 意思就是，把可以确定意思的字读出来，不能确定的依样画葫芦写在书上。他梳理出130多条卜辞，列出一个清单，其中有："贞之于大甲""贞之于祖乙十白豕""辛亥贞之于祖庚""贞之犬于三父卯羊""贞立往相牛""贞之于高妣巳""贞乙子之至""贞立出""贞今日不雨""贞帝不其令雨""帝令雨足年""贞其射鹿获""乙酉贞王今月亡"等。虽然看不太明白这些卜辞，不过从字里行间却能隐约地感觉到，有为"大甲"，可能是帝王占卜的；有为"妣"，也就是女性，也许是为帝王的妃子、母亲或者女儿占卜的；有为"相牛"，应该是去市场买牛占卜的；有为"立出"，也许是为出远门占卜的；还有为"射鹿获"，也就是为打猎占卜的；等等。人世间所有的事物似乎无所不包。从这些卜辞，再加上罗振玉对占卜程序的说明，我们似乎能隐隐约约地看见，在一个雾气还没散尽的清晨，包括帝王在内的一帮人，恭恭敬敬地站在占卜的巫师边上，看着他把准备好的龟骨在火上烧，龟骨裂开以后涂上黑墨，然后占卜的人大声地告诉站在一边的人们说："今日不雨！"于是帝王大喊一

---

① 罗振玉.2006.殷墟书契考释.北京：中华书局：50.
② 罗振玉.2006.殷墟书契考释.北京：中华书局：51.
③ 罗振玉.2006.殷墟书契考释.北京：中华书局：52.
④ 罗振玉.2006.殷墟书契考释.北京：中华书局：53.

声："开路！咱们去山里弄只小肥鹿回来吃吃！"当然，除了为帝王占卜外，占卜的巫师也为老百姓的事儿占卜。比如"帝令雨足年"这条卜辞，很可能就是帝王让巫师算算今年是不是风调雨顺，让老百姓地里的庄稼长得好点，来个大丰收。从这些包罗万象的卜辞里，我们似乎看到了一个非常清晰的、活生生的、遥远时代的生活场景。

不过这些占卜的事情对我们会有启示吗？有人可能会说，那些占卜的人不就是算命先生吗？他们玩的不都是装神弄鬼的封建迷信吗？应该嗤之以鼻才对。从现在科学昌明、无处没有Wi-Fi的时代去琢磨，迷信确实应该被嗤之以鼻。不过再想一下，三四千年前的殷商时代却和现在不一样，怎么不一样呢？那时候还没有医院，没有气象局，甲骨文里根本找不到"科学"这个词。可那时候又有很多和现在一样的地方，怎么一样呢？那时的人也会生病，也要出门。病得很重怎么办呢？要出门去打猎，天气不好怎么办呢？有些人可能得过且过，不去想这些麻烦事，病了就熬着，出门打猎管它下不下雨都去。但有些人却不一样，他们不想糊里糊涂地过日子，希望事先有所准备，那怎么办呢？那就去问问会算命的人吧！那时候算命的人都是什么人呢？甲骨文上说是贞人，"贞人者，问事之人也。盖卜与贞为两事，卜者，卜官之所司，灼龟见兆，断其吉凶之事也，贞者卜问，贞人即问卜之人，其人或为时王，或为王之妇子，或为诸侯，或为史臣，非必如卜官之有专则……"[1]这是又一位甲骨文大师董作宾先生说的。他说贞和卜是两回事，卜人是一种专门的官员，专管准备龟骨，为占卜用，贞人才是占卜的人。贞人可能是当时的商王，也可能是商王周围的人，如诸侯、大官等，总之和卜人不一样，不是普通官职。那这些贞人和普通人有什么不一样呢？他们就这么厉害，能算出怎么治病、怎么预报天气？如果还是从迷信的角度去琢磨，这些贞人还真的挺厉害，他们肯定是受了神启才能算出这些。不过换个角度去琢磨，他们和我们一样，其实也不知道未来怎么样，但是他们希望对事情能有所了解，于是发明了算命这种预测未来的办法。

算命是人类在还没有多少科学知识的情况下发明的，一直流传到今天的一种文化现象。不过，完全属于迷信的算命，为什么会流传那么长

---

[1] 董作宾. 1992.殷历谱（上册）·上编卷一.台北："中央研究院"历史语言研究所：1页背面.

的时间，而且大家还会觉得算命算得挺准呢？算命准其实是概率造成的一种假象。怎么叫概率造成的假象呢？因为算命希望得到的结果基本就是两个：要么准，要么不准。

比如，算准了是发财，没算准就亏本；算准了是风调雨顺，算不准就是旱涝之灾。这两种结果的概率各是50%。所以即使是一个智力有问题的人给人们算命，他也能蒙对50%，而且算的次数越多越接近50%。在概率面前人人平等。此外，人们还有一种比较容易牢记好的、高兴的事情，而容易忘记不好的、不高兴的事情的心理，所以算命没算准的事情，大家慢慢都淡忘了，不记得了；而那些算准的、让人高兴了好几天的事情，其实就是蒙对的，却被大家记住，并且流传下来了。几千年过去了，记住算准的事情越来越多，所以一说起算命，就觉得算命真的挺准。殊不知，不准的时候一样多，只是没记住而已。其实不仅在那个时代，就是在现代对于未来的事情，即使是圣人、先知也不可能事先知道，历史上出现过非常多的预言家，到现在鲜有预言家的预言成真，更别说算命先生了。

不过话又说回来了，算命产生于人类还没有多少正确科学知识的时代，而算命和后来的科学一样，都是人类出于希望了解未知事物、寻求知识的愿望。德国现代哲学家汉斯·赖欣巴哈（Hans Reichenbach，1891—1953）在他的《科学哲学的兴起》一书中谈到了人类是如何开始寻求知识的："知识的寻求像人类的历史一样古老。随着合群而居和使用工具以期更丰富地满足日常需要的开始，求知的愿望就产生了，因为控制我们周围的事物、使之成为我们的仆役，知识是不可或缺的。知识的本质就是概括。"[①]所谓知识的本质是概括，就是希望寻找到适合于一类事物甚至所有事物的，所谓放之四海而皆准的规律性的东西，这样的东西我们现在叫作科学规律或者自然规律。所以在人类文明的早期，算命就是那时候的科学，也希望能概括出放之四海而皆准的真理。这样的思想对人类不断积累知识、最终能够正确地认识自然是起到过很好的作用的。算命怎么会对科学起到很好的作用呢？像前面说过的，那些得过且过的人，他们不关心未来，更不关心自然，而算命先生希望对生活有所安排和计划，于是他们产生了预测未来的愿望。这个愿望促使他们去

---

① H. 赖欣巴哈. 1983. 科学哲学的兴起. 伯尼译. 北京：商务印书馆：8.

观察，去琢磨，去思考。比如人病了会有什么现象？出现什么现象也许病就更重了，甚至可能会死？而他们发现刮东南风或者下雨的时候，患者死亡的可能性比较大。就这样经过长年累月的观察，古人概括出他们认为的规律在占卜算命的时候用上了。另外，通过董作宾先生的研究我们知道，殷商时代算命的贞人都是有身份的人，不是帝王就是贵族或者各种官员。试想这么有身份的贞人，如果他们占卜算命全都是信口雌黄，胡说八道，这个行当也不会延续那么久远。所以，贞人并不是受到神启的牛人，他们和后来的科学家一样，为了能预测未来，为了能概括出他们认为的正确知识，需要观察、琢磨和思考，从观察和思考中，他们概括出了知识。贞人和现代的科学家一样都是少数人，所以他们受到大家的尊重。其实大家尊重的是他们的知识和他们追求知识的思考，而不是他们玩占卜的时候那些玄妙的程序和仪式。

再看看"观堂"王国维（1877—1927）。王国维，号观堂，是清末民初的大学者，被称为冠绝一时的大师。青年时代的王国维受到当时已经颇有名气的罗振玉的赏识，王国维年轻时在罗振玉创办的上海东文学社学习，罗振玉偶然看见王国维扇子上写着"千秋壮观君知否，黑海西头望大秦"，马上对王国维刮目相看。罗振玉爱才，曾多次资助王国维，因此学界有"没有罗振玉，就没有后来的王国维"的说法。王国维于1925年受聘清华大学国学院，成为清华大学四大导师之一。王国维也是著名的甲骨学大师，他对甲骨学最大的贡献是，通过对甲骨文的研究证实司马迁的《史记》是真正的信使。1919年，王国维发表了《殷卜辞中所见先公先王考》，在这篇文章里他这样写道：

甲寅岁莫上虞罗叔言，参事撰殷墟书契考释，始于卜辞中发见王亥之名。嗣余读山海经，竹书纪年乃知王亥为殷之先公。并与世本作篇之胲，帝辞篇之核，楚辞天问之该，吕氏春秋之王冰，史记殷本纪及三代世表之振，汉书古今人表之垓，实系一人。尝以此语参事及日本内藤博士参事复博蒐（搜）甲骨中之纪王亥事者得七八条，载于殷墟书契后编。博士亦采余说。①

---

① 王国维.1959.观堂集林·上.北京：中华书局：409.

王国维说，我在罗振玉写的甲骨文考释的书里看到王亥这个名字，我从读过的《山海经》《竹书纪年》里也知道王亥这个名字，他是殷商的先王。这个名字在《世本》（一本古代记录帝王世系起源的书）里称为胲，在《帝辞》（也许是《世本》中的《帝系》篇）里称为核，在《楚辞·天问》里称为该，在《吕氏春秋》里称为王冰，在司马迁的《史记·殷本纪》《三代世表》里称为振，在《汉书·古今人表》里称为垓，其实这些名字记录的都是一个人。老先生写这些是什么意思呢？这里王国维把从甲骨文里读到的有疑问的历史事件或者人物，与其他古籍里记载的同一历史事件或者人物进行比较，从中发现历史事件或者人物的真实情况。孙诒让做甲骨文研究，也是在古籍中寻找有疑问的甲骨文的答案，不过他寻找的不是具体的事件或人物，而是字词的来源和含义。比如孙诒让在《契文举例》中写道："契之正字为'栔'，许君训为刻。"孙诒让的方法还是考据训诂，王国维的这种方法是一种新的史学研究方法，被称为"一曰取地下之实物与纸上之遗文互相释证"的二重证据法。王国维通过二重证据法，把甲骨文中出现的所有殷商时代帝王的名字做了梳理，最后他这样写道："于是卜辞与世本史记间毫无抵牾之处矣。"[1]也就是说，司马迁在《史记·殷本纪》里记录的商朝历史是值得信任的。郭沫若先生这样评价王国维的贡献："王国维的业绩，是新史学的开山。"

讲了"甲骨四堂"里的"两堂"，接着去拜访一下"鼎堂"郭沫若（1892—1978）。郭沫若，号鼎堂，中国著名学者，甲骨文大家。1933年，郭沫若先生写了一本《卜辞通纂》，该书是他对甲骨文里的卜辞，也就是占卜以后记录下来的甲骨文做的考释。

《卜辞通纂》是郭沫若先生在日本写的，他从日本的各种文库和私人收藏家手里收集了3000多片甲骨进行研究。他这样描述写这本书的目的："本书之目的，在选辑传世卜辞之菁粹者，依余所怀抱之系统而排比之，并一一加以考释，以便观览"。[2]郭沫若先生的意思是，在该书里他选择了一些甲骨文传世的精华，把甲骨里的内容和自己认识事物

---

[1] 王国维.1959.观堂集林·上.北京：中华书局：435.
[2] 郭沫若.1983.卜辞通纂.北京：科学出版社：8.

的系统做一下对比，然后一一加以解释。其实郭老就是根据他看到的这些卜辞中展现出的、当年贞人们占卜的各种事情做了一个系统的分类。罗振玉老先生的研究，让甲骨文给我们讲了许多故事，并让我们看到了一个活生生的时代。王国维先生的研究，让我们知道《史记》是可信的，开创了二重证据法的新史学。而从郭沫若的这些分类中，我们似乎还能看到那些贞人学习和成长的过程。

那郭沫若是怎么分类的呢？郭沫若把他读出来的卜辞分为"一，干支；二，数字；三，世系；四，天象；五，食货；六，征伐；七，畋游；八，杂纂"八大类。

关于"干支"，郭沫若这样写道：

余谓藉此可觇古代历法之变迁。盖古人初以十干纪日，旬甲至癸为一旬，旬者遍也，周则复始。然十之周期过短，日份易混淆。故复以十二支与十干相配，而成复式之干支纪日法。①

意思是，我从这些甲骨的记录里看到了古代历法的变化，开始只是以十个天干纪日，从甲到癸周而复始，但是十个数字太短，很容易把日子搞混了，所以就有了把十天干和十二地支配起来，玩出了干支纪日法。孙诒让先生在《契文举例》中首先提出甲骨文里有个天干地支，但孙诒让先生研究的是甲骨文和金文及《说文解字》里所描述的字的区别；而郭沫若的研究是天干地支的用处，也就是纪日。他从甲骨文的卜辞中发现了殷商时代的纪日如何从十天干逐渐演变为干支循环纪日。干支循环纪日法是中国人发明的一种很特别的数学概念。所谓天干包括甲、乙、丙、丁等十个字，是十进制；地支是子、丑、寅、卯等十二个字，即十二进制；而天干地支相配的组合是六十进制，中国古人用这三组不同的数学概念把年、月、日算得非常清楚、明白。

可这些神奇的数学是谁最先发明的呢？至今众说纷纭。历史记载中出现最早的和天干有关的记录是《史记·夏本纪》里写了一个夏朝国王名叫"孔甲"，这个有史以来最早出现在古代文献中的"甲"字有什么意义呢？中国自古有尊圣尊古的传统，所以大家都喜欢把各种功劳归功

---

① 郭沫若.1983.卜辞通纂.北京：科学出版社：219.

于远古时代的伏羲或者黄帝，于是这个"甲"字也和一个夏朝皇帝的名字同时出现了。不过就算天干地支是圣人发明的，也是圣人靠日积月累的经验逐渐发现和发明的。所以无论是谁发明的，这些发明人都是心怀好奇的人，其中就包括那些贞人，是他们通过一点一滴的观察、思考，从经验中总结出来的。

关于中国是从什么时候开始使用干支循环纪日的这件事，真正的考古证据就来自郭沫若先生的研究。郭老发现一块殷商后期的甲骨，这块甲骨上刻着完整的天干地支六十个组合。这块甲骨可以证明，起码在殷商时代就已经在使用干支循环纪日法了。

另外，郭老分类中的所谓"食货"，就是和当时老百姓的生活息息相关的很多事情。郭老研究的甲骨里有提到黍、麦、牛羊、酒、食邑、奴隶、贝等卜辞。郭老认为，"大抵殷人产业以农艺牧畜为主，且已驱使奴隶以从事于此等生产事项，已远远超越于所谓渔猎时代矣"[①]。而且郭老还发现，"以海贝为货财之事似已发现"[②]，原始的货币也有了。知识就这样从生活琐事开始逐渐积累，慢慢地，数学出现了，货币也出现了。郭老这些研究在孙诒让和罗振玉的基础上，又为我们展现出有关三四千年前那个遥远时代的一场知识接力赛。

另外，那时候玩占卜的贞人不仅占卜生活琐事，他们还玩更高级别的占卜，什么高级别的呢？郭老在《卜辞通纂》的天象篇里专门研究了殷商时代的贞人为雨、雪、风、霾、虹、日食、月食、彗星等占卜的卜辞（图1-4）。在对这些卜辞的研究中，郭沫若发现了那个时代的人们有关信仰的信息："足徵殷人之信仰，大抵至上神之观念殷时已有之，年岁之丰啬，风雨之若否，征战之成败，均为所主宰。而天象中之风霾云霓及月蚀之类，则多视为灾异也。"[③]郭老说，中国有关天神的观念"至上神之观念"，在殷商时代就已经有了，每年庄稼收获与否，是否风调雨顺，与敌人征战的胜败，都被视为受天神的主宰，认为风霾云霓及月食等气象和天文现象，都预示着灾难。郭老从中看到了殷人信仰天神的观念，天神观念不是迷信吗？确实是迷信，不过迷信也是人类智慧发明

---

①② 郭沫若.1983.卜辞通纂.北京：科学出版社：421.
③ 郭沫若.1983.卜辞通纂.北京：科学出版社：400.

图 1-4 最早的天象记载来自甲骨文

中的一个。天神属于什么发明呢？被称为"人类学之父"的英国人类学家泰勒（E. B. Tylor, 1832—1917）这样说过：

> 万物有灵论构成了处在人类最低阶段部族的特点，它从此不断地上升，在传播过程中发生深刻的变化，但自始至终保持一种完整的连续性，进入高度的现代文化中。①

这也是泰勒著名的"万物有灵论"。这种观念的产生，就是人类从野蛮走向文明的开始，是信仰和原始宗教的起源。在遥远的古代，没有任何知识可以帮助人类认识世界，大自然里发生的许多事情又是那样的让人捉摸不透。没有电脑，连小学自然课本也没有，怎么办呢？于是大家相信，在那些捉摸不透的自然背后肯定有一双手，是这双手在控制着自然万物。这双手在哪里？可能是村外的那棵大树，也可能是昨天突然出现的一条蛇，还有可能是森林里的那只狼。这双手是谁的？是上帝的！是神的！人们开始信仰天神，畏惧天神。"万物有灵论"就这么开始了。

## 四、思维的碰撞

前面谈到的无论是孙诒让、罗振玉还是郭沫若，他们拿来研究的甲骨不是从药店买来的，就是从古董商手里收的，所以他们不知道贞人往甲骨上刻字的时间，更不知道哪个在先、哪个在后。这个问题在1928年被中央研究院历史语言研究所的考古学家解决了。

"甲骨四堂"的第四位"彦堂"董作宾（1895—1963），就是中央研究院历史语言研究所的研究员。董作宾是"甲骨四堂"中最年轻的一位，毕业于北京大学研究所国学门，1925年获得史学硕士学位以后，先后在福建协和大学、河南中州大学和广东中山大学任教。1928年进入中

---

① 爱德华·泰勒.1992.原始文化.连树声译.上海：上海文艺出版社：414.

央研究院历史语言研究所，随即赴河南进行考古调查。

当这个研究所还在筹备阶段的时候，傅斯年派遣董作宾到安阳去，对这个长久以来以其出现有字卜骨闻名的遗址进行初步的调查。在这个时候（1928年），以罗振玉为首的许多金石学家，相信30年来持续对甲骨文的搜索已经收回所有埋葬之宝物。更进一步的搜寻注定失败，而做这样的尝试将是愚蠢的……事实上，这两位学者——最初想起在安阳做田野调查工作的傅斯年和因他是河南人并有天生才智和易接受新思想头脑的董作宾——对现代考古学都没有任何经验。董作宾在他的报告中说，他的工作是去看有这个地点并且看看那儿是否还有一些值得挖掘的甲骨，还是如罗振玉和他的一群友人认为：这个地点已经耗竭。[①]

董作宾先生是1928年8月第一次去安阳做的初步调查。不过，经过这次初步调查，发现罗振玉的想法是错的，于是从1928年10月正式的考古发掘开始了。1928—1937年，中央研究院历史语言研究所的考古学家们，在安阳殷墟做了15次科学考古发掘，不但发掘出更多的甲骨，还发掘出青铜器、陶器、玉器等大量宝物。另外，科学考古和过去的金石学最大的不同是，科学考古不仅仅是挖掘宝物，还可以断定挖掘古物存在的年代等更多的信息。怎么断定呢？就是根据挖掘地层的层位判断宝物存在的时间，层位在下的肯定比上面的时间更早。经过15次科学考古发掘，中央研究院历史语言研究所的科学家从发掘出的甲骨中分辨出属于5个不同时期的甲骨文，而且发现这些甲骨都出自一个连续273年的时间段。于是，这些乌龟壳像一个个小精灵再次张开了小嘴，它们开始为我们讲述更加精彩和好玩的故事了。

《殷历谱》是董作宾花了10年工夫在四川李庄的一个小山村——板栗坳的油灯下写出来的。该书是董作宾为研究殷商时代历法而写的，不过他在自序里说："此书虽名'殷历谱'，实则应用'断代研究'更进一步之方法，试作甲骨文字分期、分类、分派研究之书也。"[②]断代研究现在叫作断代工程，断代工程是现在的历史学家和考古学家绞尽脑汁干着

---

[①] 李济.1995.安阳.贾世恒译.台北：台北"国立"编译馆：82.
[②] 董作宾.1992.殷历谱（上册）.台北："中央研究院"历史语言研究所：上篇自序.

的一件大事情。这件事是董作宾在中华民国二十一年（1932年）完成的《甲骨文断代研究例》一文中首先提出的，而《殷历谱》是董作宾对断代研究所做的进一步整理和修订。董先生根据殷墟发掘出的甲骨文，对那个遥远的时代做了非常细致的研究。他从5个时期的卜辞中，推算出从传说中的盘庚开始到帝辛一共12位殷王在位的具体年代。他认为盘庚在位的时间是从公元前1384—前1373年，帝辛在位的时间是公元前1174—前1112年。而王懿荣看到的小乙，则是在公元前1370—前1350年。关于这些推算，虽然历史学家至今还在不断讨论中，但是可以证明司马迁在《史记·殷本纪》里聊的不是瞎编的，武丁"修政行德，天下咸欢，殷道复兴"的事情确实发生过，而且可能就发生在公元前1339—前1281年。

在做断代研究的同时，董作宾先生还从不同时间段的卜辞里，发现了很多十分有趣的事情，也发现了那个时代的人们思维方式的变迁。那么董作宾都发现什么好玩的事情了呢？前面提到的关于贞人的描述，就是董先生的一大发现。他在研究属于5个不同时代的甲骨时发现，最后一个时代的两个商王帝乙和帝辛居然自己充当贞人，"帝乙帝辛时，王能自卜，故曰'王卜贞'"[1]，这件事以前没有人会想到。

对我们更有启示作用的是，董作宾先生在研究卜辞的过程中发现了一件事，这件事明显对后来产生了极其深刻的影响。他在研究卜辞时发现，占卜有两种完全不同的风格，被他称为新派和旧派。"所谓异者，如书契文字，旧派多自由放纵，新派皆规矩谨饬；行款文例，旧派多不守绳规，新派皆严密整备；甲骨材料之使用，旧派则随手拈来即可贞卜……新派则于各类卜辞，别为专版，用龟用骨，用腹甲用背甲，均有定制。"[2] 在200多年的时间里两派各有消长，但最终天下还是归于旧派。董老发现，那个被司马迁大大夸奖了一番（修政行德，天下咸欢，殷道复兴）的武丁，就是个旧派人物，"旧派，以武丁时代为例，其贞卜之事，极为繁夥，约而言之则有下列二十种……"[3] 不过武丁以后的祖甲开创了新派之先河，"新派者自祖甲创之，在卜辞中充分表现其革新之精神。如历制之改进，祀典之修订，卜事及文字之厘定，皆其大

---

[1][2][3]　董作宾.1992.殷历谱（上册）.台北："中央研究院"历史语言研究所：上篇卷一.

端"①。可几十年以后文武丁即位，他却复辟了旧派，文武丁喜欢旧制。

董作宾的这番研究，为古籍中的许多故事找到了根源。《国语·周语下》中有这么一个故事："帝甲乱之，七世而陨……幽王乱之，十有四世矣。"②意思是，帝甲玩乱汤之法，玩了7年就死了。幽王乱世，14年以后商就灭亡了。过去没人知道帝甲玩的什么乱汤之法，经过董作宾的研究，大家才知道，原来帝甲是个玩改革、玩创新的新派人物，他的乱汤之法就是创新。这事儿到了太史公那儿也有说法，"史公作'殷本纪'据此而以'淫乱'二字为帝甲一生之总评"③。太史公根据《国语》里的说法，用"淫乱"为帝甲的一生做了总结。可见从殷商时代的老祖宗那儿，很多人就开始抵制改革和创新，难怪好几百年以后的孔子，虽然希望改变当时的社会，但是改变的方法是"克己复礼"，希望大家恢复孔子出生以前好几百年的周礼，而不是以创新思维去创造一种新的思维模式。所以创新思想无论在任何时代，不但任重而道远，而且阻力重重。

《殷历谱》的主要内容是关于历法的，历法就是计时、计日、计年的方法。3000多年前是怎么计时、计日、计年的呢？现在咱们有各种手表、智能手机，拿出来一看就知道现在是哪年、哪月、哪天、几点。古时候没有任何计时工具，不过古代很早就有关于计时的记载了，比如，伏羲"作甲历"、神农"立历日"等。可这些都是传说。远古时代的中国人怎么计时，在发现甲骨文以前，你就算钻进几米厚的故纸堆里，翻遍万卷古籍，恐怕也找不到多少像样的证据。而能对古代历法有真实了解的考古证据，就来自甲骨文。甲骨文中是怎么说的呢？董作宾在《殷历谱》里这样写道："古者日出而作，日入而息，故其对于时之区分，重在日，不重在夜。"④甲骨文告诉我们，那时候的人们都日出而作、日入而息，天黑以后没有电视，更没有手机，漆黑的夜晚看不清楚，大家早早就睡觉了。所以人们都很重视白天，不重视晚上，于是也没人玩24小时的一天。那时候的人把一天分为明、大采、大食、中日、昃、小食、小采等7段，其中大部分是指白天的某个时间段，只有"夕"是说

---

① 董作宾.1992.殷历谱.台北："中央研究院"历史语言研究所.
② 左丘明.2005.国语·周语下.济南：齐鲁书社：70.
③ 董作宾.1992.殷历谱.台北："中央研究院"历史语言研究所.
④ 董作宾.1992.殷历谱.台北："中央研究院"历史语言研究所.

天黑之后的事。这就是董作宾先生说的"重在日，不重在夜"。

有了"日"，那殷商时代也有"月"吗？"月"是怎么来的呢？董作宾先生说：

> 殷人以见日之时间为"日"，见月之时间为"夕"，夕月同文，相互为用。故其历法中之所谓"月"，为"太阴月"。远古人类，日出而作，日入而息，息之时即月出之时，此最惹人注意之月光，时而如蛾眉一线，时而如弓弦半张，时而如明镜高悬，由缺而圆，圆而复缺，经验既久，乃有一月为二十九或三十日之认识，历法即由是而产生。①

董老这段生动的描写意思是说，那时的中国人把太阳出来的时间叫作"日"，月亮出来的时间叫作"夕"，夕和月是一个意思。古人认为白天出现的日头是"太阳"，晚上出现的月亮是"太阴"，所以叫"太阴月"。古人日出而作，日落而息，收工以后晚上最惹人注意的就是月亮，而且月亮时而像蛾眉，时而又像半张弓，时而又像一个高悬的圆镜。于是古人从月亮的圆缺，发现了每次不太一样的，或者是 29 天，或者是 30 天的月，于是中国最早的历法就这样产生了。

这一月一变的"太阴月"并不是有规律地一个月一变，变化没这么简单，如果想让"太阴月"符合月亮的周期，就必须每年设置个"闰月"。在设置"闰月"的方式上，董作宾先生又发现了殷人在思维方式上的不同点，其中也和占卜一样出现了新旧两派。"殷代历法，在旧派视一月至十二月，为一囫囵之太阴年，故置闰必补一太阴月于其年尾，不愿打破此囫囵年也，而新派改闰制，则打破之而插置闰月于年中。"②他说，旧派把一年十二个月都囫囵放在一起，到年底加一个闰月，不愿意打破连续十二个月的顺序；而新派不是这样，他们打破了将一年十二个月囫囵放在一起的旧习惯，把闰月放在年中的某个月。按照现代的做法，置闰确实不是放在年末，而是在年中的某个月，比如，2012 年是闰四月、2014 年是闰九月、2017 年是闰六月。原来在殷商时代贞人们就已经在历法问题上有这样的思维碰撞了。

---

① 董作宾.1992.殷历谱.台北："中央研究院"历史语言研究所：9.
② 董作宾.1992.殷历谱.台北："中央研究院"历史语言研究所：10.

现在我们知道，无论中国的甲骨文还是苏美尔的楔形文字、埃及的象形文字，这些古老的文字都是祭司发明的。甲骨文、楔形文字和象形文字还有两个挺相似的地方，那就是都是从象形文字开始，都是从契刻文字开始的。中国的甲骨文虽然比其他两种文字晚了1000多年，但是，中国的先民和世界其他民族的先民同样富有智慧。

不过，东西方文字还有一些不太相似的地方，这些不相似之处对东西方人的思维产生了不同的影响，也造就了东西方不同的文化方式。

从前面讨论的我们可以知道，无论是楔形文字还是象形文字在一开始都和甲骨文一样，是象形文字。不过楔形文字和象形文字现在都不再使用了，在消失以前腓尼基人把这两种文字改造成了全新的文字系统，即如今流行于西方世界的字母文字。由这两种古老文字传承下来的西方文明，无论是希腊文、拉丁文、西班牙文、英文、德文、法文还是俄文，包括阿拉伯文都变成了由二十几个到四五十个字母组成的文字，象形文字早就没了踪影。

文字的这些变化并不是偶然的，其中包含着西方人追求变化的思想，可以从楔形文字的演变中看出来。就像前面提到的关于楔形文字"头"字的演变，从象形的仰头头像变成了用"小钉子"表示的音阶符号，然后又继续改变，变成了更加简便的腓尼基字母（图1-5），而只有子音的腓尼基字母，又被希腊人演变为由原音和子音组成的希腊字母。与象形文字相比，拼音文字感性的因素减少了，抽象的、理性的因素增加了，所以拼音文字比象形文字更适合像数学这样的抽象思维，更适合精确概念的描述。这样的文字让古希腊人创造出了杰出的文学和艺术。如罗素所说：

> 希腊人在文学艺术上的成就是大家熟知的，但是他们在纯粹知识的领域上所做出的贡献还要更加不平凡。他们首创了数学、科学和哲学……他们自由地思考着世界的性质和生活的目的，而不为任何因袭的正统观念的枷锁所束缚。[1]

而从甲骨文传承下来的中国文明来看，我们的汉字虽然也发生了很大的变化，按照《说文解字》里说的，中国字有所谓六书，即象形、指

---

[1] 罗素．1963．西方哲学史．上卷．何兆武，李约瑟译．北京：商务印书馆：1.

图 1-5 最早的拼音——腓尼基字母

事、会意、形声、转注、假借，但六书的本质还是象形文字。殷商时代出现的甲骨文被西周继承下来，春秋时期出现金石文，战国时期又演变为六国文字和秦国的籀文或大篆，秦统一全国以后文字统一为小篆。一路的这些变化万变不离其宗，一直都没有离开象形文字。于是像罗素说的那样"这些图画很快地就约定俗成，因而语词是用会意文字来表示，就像中国目前所仍然通行的那样"。①与拼音文字相比，象形文字来自形象思维，感性的成分比较多。所以，象形文字不如具有抽象性的拼音文字那样更适合抽象的和精确概念的描述。

　　从世界上不同文明等的文字故事中我们可以发现，像罗素说的那样，埃及和苏美尔的象形文字"在几千年的过程中，这种繁复的体系发展成了拼音的文字"。②中国文字则是，"这些图画很快地就约定俗成，因而语词是用会意文字来表示"。③从文字的演变可以看出西方人求变之心古已有之，而引导后来的西方人走向科学的正是这种求变的思维。而从中国文字的演化中，我们看到中国人更讲究以不变应万变、万变不离其宗的思维。

---

①②③　罗素.1963.西方哲学史.上卷.何兆武，李约瑟译.北京：商务印书馆：2.

# 第二章　瞬间永恒的诗篇

《诗经》和荷马史诗是中国和古希腊最早的文学作品，在几千年的历史长河中，这两部作品被人们吟咏传唱，一直到今天。同时，这两部作品也是东西方思想最早的代表作，对东西方人的思想产生了深远的影响。在这一章中我们将看到，这两部作品在东西方人心中留下的一些印迹。

## 一、《诗经》和荷马史诗

自文字被发明以后，人们逐渐发现文字的用处还挺大，不但可以记账、把算命的结果记下来，还可以把心里想的、眼睛看到的写下来，于是很多人就开始琢磨怎么"玩"文字了。除了祭司"玩"的以外，人类最早用文字"玩"出来的不是《金刚经》，也不是毕业论文，而是文学。而文学最早、最原始的形式是诗歌。3000多年前，当人类历史大约走进公元前11世纪的时候，在欧亚大陆的两边——世界的东西方，人类最初的两部诗歌作品几乎同时出现了。这两部作品就是中国的《诗经》和古希腊的荷马史诗［《伊利亚特》（Ilias）和《奥德赛》（Odyssey）］。

今天，当我们读这两部作品的时候，不但可以欣赏到3000多年前诗人的情怀及他们美妙的语言，这些诗篇还会变作时光机器，带我们穿越千年，回到遥远的时代，让我们领略那个时代的街头景象、老百姓的生活，还有勇敢的小伙子和温柔美丽的姑娘。这两部作品怎么会这么厉害呢？因为文字具有将历史瞬间变为永恒的强大功能。下面我们就穿越3000多年的时光，跟着这两部伟大的诗篇，回到那个遥远的时代，去和古人问个好。

回过头去和已经过去的历史问好，目的是为了今天和明天。回头去看东西方最初的文学作品里描述的历史面貌，除了可以像看电影一样观看发生在古代的各种神奇故事之外，我们应该还可以从这两部来自东西方的诗篇里看到东西方在思维上的异同，这种异同对我们今天的思维、思考或许会有一些有益的启发。

《诗经》是一本诗集，诗集里的诗描写的故事时间跨度很大，大约从西周前期一直到春秋中期，也就是从公元前11世纪到公元前6世纪左右，整整跨越了五六百年的时光。据说《诗经》本来一共有3000多篇诗歌。那《诗经》的作者都是谁呢？作者肯定不止一个，是来自500年的众多作者，每一首诗的作者是谁已经没人知道。不过，包括这3000多首诗的《诗经》已经没有了，我们现在能看到的《诗经》，是春秋时代的孔子从3000多首诗篇中筛选整理出来的。司马迁在《史记·孔子世家》里这样写道："古者诗三千余篇，及至孔子，去其重，取可施于礼义，上采契后稷，中述殷周之盛，至幽厉之缺。……三百五篇孔子皆弦歌之，以求和韶、武、雅、颂之音，礼乐自此可得而述，以备王道，成六艺。"①（图2-1）司马迁说，孔子从3000余篇诗歌里，去掉重复的，筛选出能结合礼仪的，上自周朝的祖先后稷，中间是殷商和周朝的盛世，最后到周幽王的缺失，总共筛选出305篇。"弦歌之"就是给诗歌配上乐曲，这些乐曲是符合"韶、武、雅、颂之音"的。"韶、武、雅、颂之音"就是当时流行的音乐形式，和现在的民族、美声、摇滚、重金属差不多。不过那时候唱歌不能瞎唱，所有的歌曲都是歌颂帝王、王道、等级关系，也就是歌颂礼教的。于是礼教可以通过音乐和歌唱得到传播，为王道服务，"礼乐自此可得而述，以备王道"。"六艺"就是当年孔子教学生的六种课程——诗、书、乐、易、礼、春秋。所以，经过孔子整理的《诗经》，就成了孔子国学大讲堂教学计划里排在第一位的必修课。

　　孔子具体是怎么筛选整理《诗经》的呢？他做的最主要的工作应该就是把305首诗分成风、雅、颂三大部分。其中第一个风，也叫国风，就是来自各个诸侯国的诗篇。"风，风也，教也。风以动之，教以化之。"②意思是说，风就是刮风，教化就像风一样，吹进大家的心里。那刮什么风，什么教化呢？就是各个诸侯国歌颂周天子功德的诗篇。"文武之德，光熙前绪，以集大命于厥身，遂为天下父母，使民有政有居。其时诗风有周南，召南……"③这几句话的意思是，周文王和周武王的大德如阳光般照耀着刚建立的周朝，他们集伟大的使命于自身，成为天下的父母，让老百姓有人管、有地方住。这里说的周文王和周武王完成的使命，就是封建制度。周朝建立以后，周天子分封了很多诸侯国，构成

---

① 司马迁.2014.史记：第六册.北京：中华书局：2345.
② 毛亨.2013.毛诗注疏（上）.上海：上海古籍出版社：6.
③ 毛亨.2013.毛诗注疏（上）.上海：上海古籍出版社：诗谱序5页.

图 2-1　孔子在整理《诗经》

了由诸侯国组成的，"使民有政有居"的封建帝国——周朝。《诗经·国风》里收集了来自包括周南、召南等15个诸侯国的诗，一共160篇。

雅又是什么诗歌呢？《毛诗注疏》云："小雅，大雅者，周室居西都丰、镐之时诗也。"① 意思是说，《诗经》里的《小雅》《大雅》，都是周朝的王室在丰和镐的时候，王室里作的诗歌。《小雅》《大雅》一共有诗歌105篇。丰、镐是两个地名，这两个地方都是周朝的京城，都在现在的西安市和咸阳市之间。早期由周文王建立的都城叫丰京，周武王即位以后在丰京的北边又建了个新区叫镐京，丰、镐这两个地方之间相距估计没有几里地。为什么强调《小雅》《大雅》是王室在丰、镐这两个地方的诗歌呢？原因是周朝将近800年的历史分为西周和东周两个时期：公元前1046—前771年历史上叫西周，国都在丰、镐；公元前771年以后，一直到公元前221年秦统一中国以前都是东周。公元前771年周朝把国都迁走，东迁到了洛邑，也就是现在的河南洛阳地域，周朝从此称为东周。强调《小雅》《大雅》是丰、镐时期的诗，意思就是这些诗都是西周的，和东周没有关系。

那颂又是什么诗歌呢？颂里包含三项内容：一个是《周颂》，一个是《鲁颂》，一个是《商颂》，一共有40篇诗歌。《毛诗注疏》里说："《周颂》者，周室成功致太平德洽之诗。其作在周公摄政，成王即位之初。"② 《周颂》是歌颂周朝成功地走向太平和融洽道德世界的诗篇，周朝是什么时候成功地走进那个美好时代的呢？时间大约是从周公摄政到周成王亲政、执政的时期，也就是公元前1043—前1020年这段时期。

《鲁颂》就是歌颂鲁国的诗篇。为什么专门有个歌颂鲁国的《鲁颂》呢？因为鲁国是周文王第四个儿子周公旦的封国。周公旦也是周朝开国帝王周武王的弟弟，周武王去世以后由他的儿子周成王即位，但是周成王岁数尚小，于是周公旦为摄政王辅佐周成王。周公旦在做摄政王时期制定了著名的周礼，是周朝的大功臣，所以要特别歌颂一下大功臣周公旦的鲁国。

再看《商颂》，《商颂》就是歌颂商朝人的诗篇。商朝不是周朝的手下败将吗？怎么还有歌颂他们的诗篇呢？《毛诗注疏》云："商德之坏，

---

① 毛亨. 2013. 毛诗注疏（中）. 上海：上海古籍出版社：767.
② 毛亨. 2013. 毛诗注疏（下）. 上海：上海古籍出版社：1870.

武王伐纣，乃以陶唐氏火正阏伯之墟，封纣兄微子启为宋公，代武庚为商后。"①意思是，由于商的道德已经败坏，所以周武王讨伐纣王，建立周朝。但是周武王很仁慈，他把"陶唐氏火正阏伯之墟"，也就是商朝祖先居住的地方，封给了商朝的后人微子启，封他为宋公，让他作为商的后代在这里继续生活。微子启是商纣王同父异母的兄弟。周朝建立以后，仁慈的周武王非但没有把殷商的后代斩尽杀绝，还封给殷商的后代一块保留地，这块保留地就是后来春秋五霸之一宋襄公的老家宋国。那封给微子启的"陶唐氏火正阏伯之墟"是个什么地方呢？这9个字涵盖了很多意思，其中包括了人物、历史和地点。"陶唐氏"就是传说中的中国的老祖宗尧、舜、禹之一的尧，"陶唐氏"是他的一个别名。那"火正"为何物？火正是尧手下的"天文兼气象局局长"，他的名字叫"阏伯"，"之墟"就是坟地、墓地的意思。"陶唐氏火正阏伯之墟"的意思就是尧的"天文兼气象局局长"阏伯的坟地。周武王为什么要封这个地方给商朝的后人微子启？因为这个阏伯是殷商人的老祖宗，就是前面司马迁说的，孔子"去其重，取可施于礼义，上采契后稷"，契是阏伯的另一个名字。这个"陶唐氏火正阏伯之墟"在现在的河南省商丘市，那里现在还有一个景点叫火星台，那里应该就是"陶唐氏火正阏伯之墟"。

　　那商颂里都有什么诗呢？据说在周宣王时代，也就是公元前828—前783年住在"陶唐氏火正阏伯之墟"的商朝的后代，整理出12首诗，交给了周朝的太师。"校商之名颂十二篇于周太师。"②不过，现在能看到的《诗经·商颂》里只能看到《那》《烈祖》《玄鸟》《长发》《殷武》五首诗，这是怎么回事儿呢？"孔子录诗之时，则得五篇而已，乃列之以备三颂……"③原来孔子在整理《诗经》的时候，只留下十二首《商颂》里的五首。不过这里有个问题，按司马迁的说法，孔子选诗的标准是"去其重，取可施于礼义"的诗歌。可是"商德之坏，武王伐纣"，商不但道德败坏，还是周朝的手下败将，商能有什么"可施于礼义"的诗篇呢？司马迁在《史记·孔子世家》里说过："予始殷人也。"孔子晚年曾经对他的弟子子贡说，我的祖先是殷人。孔子真实的心思应该是，"著为后王之义，

---

① 毛亨．2013．毛诗注疏（下）．上海：上海古籍出版社：2108．
②③ 毛亨．2013．毛诗注疏（下）．上海：上海古籍出版社：2109．

监三代之成功，法莫大于是矣"。孔子说，留下《商颂》可见周朝帝王的义气，《商颂》放在《周颂》《鲁颂》后面，说明三个时代无论成功与否，法度都是最重要的。

还没开始读《诗经》，就先有了这么多考据的故事。那古希腊的荷马史诗有什么故事吗？翻译成中文的对荷马史诗做考据研究的资料很少能见到，所以即使西方人曾经对荷马史诗做过大量的考据研究，而对于不懂希腊文和拉丁文的人来说都是没用的。不过，虽然我们没有关于荷马史诗考据方面的资料，但是我们可以从一些翻译成中文的外国作者的其他著作（如哲学史）里，看到一些关于荷马史诗的故事。

就像《诗经》是中国历史上第一部文学作品一样，荷马史诗是古希腊乃至西方的第一部文学作品。据说其作者是古希腊的一位盲人诗人，不过这都是推测的。罗素在《西方哲学史》里是这么说的：

> 希腊文明第一个有名的产儿就是荷马。关于荷马的一切全都是推测，但是最好的意见似乎是认为，他是一系列的诗人而并不是一个诗人……近代作家根据人类学而得到的结论是：荷马绝不是原著者，而是一个删定者，他是一个18世纪式的古代神话的诠释家，怀抱着一种上层阶级文质彬彬的启蒙理想。[1]

罗素说荷马是怀抱着上层阶级文质彬彬的启蒙理想的、18世纪式的古代神话的诠释家；而把《诗经》"三百五篇皆弦歌之"的孔子，则是一个怀抱着上层阶级文质彬彬的道德理想的诠释家。

中国人民大学文学院的奥地利籍教授雷立柏先生对荷马和荷马史诗的解释是：

> 这部英雄史诗分为24卷，其基础是一些口头流传的故事，公元前735年左右由一位非常有才华的诗人（Homēros，荷马）编辑成一部完整的著作。[2]

荷马的诗和中国的《诗经》不一样，荷马的诗不是一部诗集，而是

---

[1] 罗素.1963.西方哲学史.上卷.何兆武，李约瑟译.北京：商务印书馆：10.
[2] 雷立柏.2010.西方经典英汉提要：古代晚期经典100部.北京：世界图书出版公司：1.

一部史诗。史诗就是叙述英雄传说或者重大历史事件的叙事长诗。荷马史诗里英雄传说和重大历史事件都有，史诗里讲了宙斯、雅典娜、阿喀琉斯、阿伽门农、奥德修斯等人物，他们都是古希腊奥林匹斯山上的众神，或者半人半神的英雄。他们的故事构成了整个荷马史诗。而荷马史诗里由众神和英雄编织起的最主要的故事就是著名的特洛伊战争。后来的历史学和考古学家证明，这场战争不是虚构的，而是历史上真实发生过的一次重大的历史事件。

荷马史诗其实由两部作品，即《伊利亚特》和《奥德赛》组成。《伊利亚特》是描写特洛伊战争（图2-2）的：

书名指出主题：希腊人围攻 Ilion［伊利昂，即特洛伊（Troy）］，但 *Ilias* 只描述在这战争 10 年中几天内发生的事件，即 Achilleus（阿喀琉斯）的愤怒，他的不满来自与希腊人首领 Agamemnon（阿伽门农）的冲突。[①]

而《奥德赛》，

主题是一位国王、父亲和丈夫的回家返乡，他要在 20 年后恢复地位。和 *Ilias* 一样，文献多半不是叙述事实，而是一些表达人物内心感受的对话和讲演。[②]

叙述事实就是讲故事，不是叙述事实说明荷马史诗不是讲故事。而人物内心感受就是思想，应该就是罗素说的"上层阶级文质彬彬的启蒙理想"。至于荷马是怎么表达"上层阶级文质彬彬的启蒙理想"的，我们在后面探讨。

## 二、温柔敦厚读《诗经》

《诗经》可以流传到今天还有个挺惊险的经历：据说孔子将整理的

---

[①] 雷立柏. 2010. 西方经典英汉提要：古代晚期经典 100 部. 北京：世界图书出版公司：10.
[②] 雷立柏. 2010. 西方经典英汉提要：古代晚期经典 100 部. 北京：世界图书出版公司：1.

图 2-2 《荷马史诗》中记载的特洛伊战争

《诗经》传给了子夏，子夏传给了曾申，曾申传给了李克，李克传给了孟仲子，孟仲子传给了根牟子，根牟子传给了荀卿，荀卿传给了一个叫毛亨的人。子夏是春秋后期孔子的学生，毛亨是战国末年鲁国的学者，两个人相隔大约300年的时光。孔子整理出来的《诗经》，就这样从春秋时代的子夏，平平安安地流传了300年左右，传到了战国末期毛亨的手里。可到毛亨这儿出事了，出什么事了？

毛亨正赶上了秦朝开国，秦始皇要焚书坑儒，而且《诗经》在要被扔进火堆的黑名单上。毛亨这下可慌了，于是他赶紧收拾铺盖卷逃离，然后改名换姓躲了起来。十几年以后汉朝来了，汉朝的第二任皇帝汉惠帝废除了秦朝的"挟书律"（就是不允许偷偷藏书的法律），毛亨这才敢把《诗经》拿出来重新整理，口授给他的家人毛苌。毛苌是谁呢？他也是个有学问的人，他给西汉的诸侯王河间献王做家臣，人称毛博士。毛博士把这本《毛诗》读给河间献王听，河间献王听了"窈窕淑女，君子好逑"等这些美妙的诗句，喜欢极了。

河间献王和汉武帝是同父（汉景帝）异母的兄弟，河间献王可能是把《毛诗》推荐给了当朝皇帝——他的兄弟汉武帝。汉武帝读了也是喜欢得不得了，于是在开列儒家经典的时候把《诗经》列为第一，"五经"之首。有了皇帝的赞许，从此《诗经》堂而皇之地走进了中国历史，而且经久不衰，流传2000多年一直到今天。

《诗经》如此受重视就是因为孔子喜欢、汉武帝喜欢吗？那他们俩为什么这么喜欢这本诗集呢？可能因为孔子是老师，汉武帝是皇帝，他俩的共同感受是，《诗经》不但可以欣赏，还可以作为教化的工具。前面说了，孔子整理《诗经》的目的是"施于礼义""备于王道""成于六艺"。孔子把《诗经》和其他五本国学经典当成了他国学大讲堂的教材，他说："温柔敦厚，诗教也；疏通知远，书教也；广博易良，乐教也；洁静精微，易教也；恭俭庄敬，礼教也；属辞比事，春秋教也。"[1]意思是，一个人温柔敦厚的品格来自《诗经》的教诲，要想具备疏通知远的眼光，就要读《尚书》；学习广博易良的品行，就要读《乐记》；想有洁静精微的心境，就要读《易经》；学习对人恭俭庄敬的态度，就要学

---

[1] 王文锦. 2001. 礼记译解·经解（下）. 北京：中华书局：727.

习《礼记》；学习属辞比事，就去读《春秋》。"属辞比事"的意思应该是用按照时间顺序记录下的史实"比事"和严谨恰当的言辞"属辞"去研究历史。《诗经》《尚书》《乐记》《易经》《礼记》《春秋》是孔子整理编写的六本书，这六本书就是孔子国学大讲堂要教大家的六艺之学，和现在中学要学习的数学、物理、化学、语文、地理、历史类似，都是必修课。孔子把六艺之学第一位给了《诗经》，从中也可以看出，孔子对《诗经》所具有的教化功能是最期待、最看好的。

按照现代人的思维，诗歌属于文学艺术，是供人们欣赏的，如李白的"日照香炉生紫烟，遥看瀑布挂前川。飞流直下三千尺，疑是银河落九天"，欣赏和品读诗人的诗作，确实会对读者的身心和品行产生潜移默化的影响。不过，《诗经》对于孔子时代的人而言，不仅是产生欣赏和潜移默化的影响，而且是像如今大家讲究五讲四美、讲究精神文明一样，《诗经》可以说是那个时代提高读书人基本文明素质不可或缺的教科书。

如何把《诗经》作为提高读书人基本文明素质不可或缺的教科书，什么是"温柔敦厚"，"温柔敦厚"如何可以"诗教也"呢？根据现代人的思维，"温柔敦厚"应该是形容一种憨厚、温和的处世态度。2000多年前读了《诗经》以后的"温柔敦厚"也是这样吗？对此孔子没有具体的解释，太史公说"三百五篇孔子弦歌之"的目的是，"以求和韶、武、雅、颂之音，礼乐自此可得而述，以备王道，成六艺"。太史公认为《诗经》里的"韶、武、雅、颂之音"就是可以"以备王道，成六艺"的，所以"温柔敦厚"应该也来自"韶、武、雅、颂之音"。那什么是"韶、武、雅、颂之音"呢？这些就是"礼乐自此可得而述"的礼乐。韶是一种乐舞，《论语》里这样说过："子在齐闻韶，三月不知肉味。"孔子听了韶以后三个月不知肉味，这句话形容韶很美，从教化的角度说闻韶是一种美育。关于武，国学大师王国维做过一番考据。他在《周大武乐章考》里这样写道：

案祭统云，舞莫重于武。宿夜是尚，有宿夜一篇。郑注，宿夜，武曲名也。疏引皇氏云，师说书传云，武王伐纣，至于商郊，停止宿夜。士卒皆欢乐歌舞以待旦。因名焉……熊氏云，此即大武之乐也。①

---

① 王国维.1959.观堂集林（上）.北京：中华书局：105.

按照王国维考证，武是武王伐纣的大军到达商都城的郊外，晚上部队停下来休息时，战士们跳舞唱歌等待天明的歌舞。武王伐纣这件事在中国历史上是象征正义战胜邪恶的，所以按照王国维先生的考证，武是象征正义的乐舞。如此说来，"温柔敦厚"不但是一种憨厚、温和的态度，同时还充满正义之气概。

另外，我们还可以从唐朝大儒孔颖达为《毛诗注疏》所做的注疏里看出古人看待"温柔敦厚，诗教也"的一些基本思路。孔颖达这样写道："教化之道，必先讽动之，物情既悟，然后教化，使之齐正。"[①] 他说，诗的教化作用要先从讽刺坏事开始，"教化之道，必先讽动之"，讽刺了坏事，好的事物就会展现出来，让我们看到，"物情既悟"，然后才可以教化，让大家懂得礼教、有规矩，"然后教化，使之齐正"。齐正以后如何呢？孔颖达接着写道："言其风动之初，则名之曰风，指其齐正之后，则名之曰雅。风俗既齐，然后德能容物，故功成乃谓之颂。"[②] 他说，所谓风动就是《诗经》里的国风，这个风和前面的讽不一样，讽是讽刺，风是吹来的风，读国风就像吹来的风，"言其风动之初，则名之曰风"，当从国风中得到教化、做事懂得规矩以后，这时的诗就是雅，"指其齐正之后，则名之曰雅"。这里说的雅就是《诗经》里《大雅》《小雅》。从雅又更进一步，教化出宏大的道德，所以就叫颂，"风俗既齐，然后德能容物，故功成乃谓之颂"。

这时再回头读太史公"孔子弦歌之，以求和韶、武、雅、颂之音，礼乐自此可得而述，以备王道，成六艺"，就明白什么是太史公说的"韶、武、雅、颂之音"，什么是"温柔敦厚，诗教也"了。

另外在《毛诗注疏》的序里，唐朝的学者还对诗歌同时具有的教化和娱乐作用做了探讨："夫诗者，论功颂德之歌，止僻防邪之训，虽无为而自发，乃有益于生灵。"[③] 意思是，诗是具有歌功颂德、让人向好、防止邪恶的教化作用的。除了教化作用，他们还认为，"虽无为而自发，乃有益于生灵"，意思是很多诗歌并没有什么具体目的，也许是喝了几盅小酒即兴而发的，这样的诗歌同样是有益于生灵的、是美的。

---

① 毛亨. 2013. 毛诗注疏（上）. 上海：上海古籍出版社：14.
② 毛亨. 2013. 毛诗注疏（上）. 上海：上海古籍出版社：正文序 2 页.
③ 毛亨. 2013. 毛诗注疏（上）. 上海：上海古籍出版社：14.

那么《诗经》究竟如何教人温柔敦厚，又是如何有益于生灵呢？咱们来读《诗经》。

《诗经》开篇第一首诗是《关雎》，这首诗的前四句大家基本都读过：

关关雎鸠，在河之洲，窈窕淑女，君子好逑。

这首诗属于《国风·周南》。《国风》就是诸侯国的诗。《毛诗注疏》里说："文王受命，作邑于丰，乃分岐邦周、召之地为周公旦、召公奭之采地，施先公之教于己所职之国。"[1]意思是，周文王受天命创建周朝，建都丰地（西安和咸阳之间），然后把离丰地不远的岐山一带（岐山在西安与宝鸡之间）分封给周公旦和召公奭，分别叫作周南和召南。周南是周公旦的封地。周公旦是谁？他是周武王同父异母的兄弟，正儿八经的宗室王族，所以他的诗《国风·周南》就放在了《诗经》的最前面。

这首诗讲的是什么呢？"雎鸠"是一种小鸟，"关关"形容小鸟的叫声。前两句是借一对小鸟在河边鸣叫，引出所歌咏的一对男女的爱慕之情。整首诗后面还有三段：

参差荇菜，左右流之。窈窕淑女，寤寐求之。
求之不得，寤寐思服。悠哉悠哉，辗转反侧。
参差荇菜，左右采之。窈窕淑女，琴瑟友之。

从无为而自发的、有益于生灵的娱乐作用的角度去读，这首诗是先写景，"关关雎鸠，在河之洲""参差荇菜，左右流之"等，然后写人，"窈窕淑女"，之后抒情，"君子好逑""寤寐求之""辗转反侧"等。这首诗应该是对男女美好爱情的赞美。从欣赏的角度，这首诗非常棒，整首诗语言优美、韵味十足，读起来朗朗上口，绝对是一首好诗。

那从教人温柔敦厚、教化的角度读会怎么样呢？这首大家耳熟能详的诗篇，在大学者、大儒的笔下就不一样了，《毛诗注疏》里这么说："关雎，后妃之德也。"[2]这些话应该是孔子说的，意思是《关雎》这首诗

---

[1] 毛亨. 2013. 毛诗注疏（上）. 上海：上海古籍出版社：周南召南谱3页.
[2] 毛亨. 2013. 毛诗注疏（上）. 上海：上海古籍出版社：4.

是聊周文王的后妃姒氏的德行的,"先王以是经夫妇,成孝敬,厚人伦,美教化,移风俗"①。意思是,周文王用这样的夫妻之德,来让人懂得什么是孝敬、什么是人伦、什么是教化、什么是风俗。孔子说的这些"后妃之德""成孝敬,厚人伦,美教化,移风俗",诗里没有写,是哪儿来的呢?对此宋朝大儒朱熹有个解释,他说:"先言他物以引起所咏之词也。周之文王,生有圣德,又得圣女姒氏以为之配,宫中之人于其始至,见其有幽闲贞静之德,故作是诗。"②朱熹的意思是,这首借物生情的诗,是周文王宫里的人看见周文王的圣德,以及他夫人姒氏的幽闲贞静之德,"故作是诗",以抒发周文王夫妇"成孝敬,厚人伦,美教化,移风俗"的"后妃之德"。

从诗歌的娱乐作用看,这首诗的浪漫情怀和清新优美的意境,以及有益于生灵的美妙,通过读诗自然而然就可以感受到,沁人肺腑。可这首诗所谓"后妃之德""成孝敬,厚人伦,美教化,移风俗"等的教化作用,仅仅通过读诗是根本感受不到的,必须听孔子和朱熹讲"周之文王,生有圣德,又得圣女姒氏以为之配"等诗以外的故事。

读了《国风》,再来读一篇《小雅》,看看《小雅》是如何起到教化和娱乐作用的。《伐木》是《诗经·小雅·鹿鸣之什》里的一首诗(图2-3)。

伐木丁丁,鸟鸣嘤嘤。出自幽谷,迁于乔木。嘤其鸣矣,求其友声。
相彼鸟矣,犹求友声。矧伊人矣,不求友生?神之听之,终和且平。
伐木许许,酾酒有藇!既有肥羜,以速诸父。宁适不来,微我弗顾。
於粲洒扫,陈馈八簋。既有肥牡,以速诸舅。宁适不来,微我有咎。
伐木于阪,酾酒有衍。笾豆有践,兄弟无远。民之失德,乾糇以愆。
有酒湑我,无酒酤我。坎坎鼓我,蹲蹲舞我。迨我暇矣,饮此湑矣。

还是先从娱乐的、无为而自发的角度来读这首诗。这首诗分为六章,每章六句。第一章是:叮叮的伐木之声,鸟儿嘤嘤的鸣叫之声;这些都来自幽深的山谷,来自山谷里的大树;小鸟的鸣叫,似乎是在找朋

---
① 毛亨.2013.毛诗注疏(上).上海:上海古籍出版社:12.
② 朱熹.2011.诗集传.北京:中华书局:2.

图 2-3 《诗经·小雅·鹿鸣之什·伐木》

友。第二章是：它叫一声，然后等着朋友回答的叫声传来；小鸟都如此，何况我们人呢；这美妙的叫声就算神仙听见，也会感到平和而宁静。

　　后面几章唱的是摆上宴席，邀请自己的亲朋好友，一起快乐地喝酒、翩翩起舞等。

　　从娱乐的角度看，这首诗写得也非常美妙，也是先用自然中的景象引入话题，然后借景写人们之间的故事，读起来可以跟着作者先走进森林，倾听森林里鸟儿如互相交谈一样的鸣叫，然后引入人的生活，和朋友一起，快乐地饮酒起舞。整首诗读下来让人身临其境，诗中充满了清新、祥和、美好的味道。所以《伐木》，尤其是诗句"伐木丁丁，鸟鸣嘤嘤"，是千百年来大家传颂最多、最受欢迎的诗句之一。

　　那玩教化、教人温柔敦厚的学者看了以后是怎么想的呢？《毛诗注疏》里这样写："'伐木'至'且平'。毛以为，有人伐木于山阪之中，丁丁然为声。鸟闻之，嘤嘤然而惊惧。"① 意思是，诗里从"伐木"到"且平"，也就是前两章，毛亨认为是因为有人在山林里伐木，传出叮叮的声音，鸟听见伐木声受到惊吓，嘤嘤地叫。他认为小鸟是受了惊吓才嘤嘤鸣叫的。当然小鸟听见伐木声受到惊吓也正常，鸟毕竟不懂人在干什么。接下来毛亨继续解释道，"相彼鸟矣，犹求友声"②，受惊吓以后的小鸟，叫着求朋友帮忙。

　　毛亨接着说：

　　以兴朋友二人相切磋，设言辞以规其友，切切节节然。其友闻之，亦自勉励，犹鸟闻伐木之声然也。鸟既惊惧，乃飞出，从深谷之中，迁于高木之上。以喻朋友既自勉励，乃得迁升于高位之上。③

　　他说另外一只小鸟听见朋友的求救，它们俩互相鸣叫就像互相切磋，用语言教化自己的朋友，"以兴朋友二人相切磋，设言辞以规其友"，跟着这句"切切节节然"，意思是用非常诚恳的语气规劝求救的小鸟。

　　毛亨的这段解释，从诗里也是读不出来的，难道是毛亨瞎编的？还真不是他瞎编的，他的解释背后的确有故事。这首诗据说是西周晚期（约公元前 8 世纪）的学者、政治家召伯虎（也叫召穆公）所作。召

---

①②③　毛亨. 2013. 毛诗注疏（中）. 上海：上海古籍出版社：820.

穆公有一个著名的劝谏周厉王的故事，即"防民之口，甚于防川"①，意思是，不让老百姓说话，比把河川堵上，引起水灾的后果还要严重。诗是他作的又如何呢？召穆公是一位非常有远见、有胆识的政治家，这首《伐木》之诗表现了他劝说别人的能力。诗中"嘤其鸣矣，求其友声"，照毛亨的意思就是，受到惊吓的小鸟，求朋友帮忙，它的朋友听见了，于是两个朋友一起切磋聊起来，"其友闻之，亦自勉励，犹鸟闻伐木之声然也"。两只小鸟其中一个是召穆王，他"切切节节然"地教导周厉王。周厉王听了召穆王"切切节节然"的教导很受鼓励，就像小鸟听见伐木的声音，吓得从树林飞到大树上一样，"鸟既惊惧，乃飞出，从深谷之中，迁于高木之上"。小鸟从树林里飞上大树，这个动作又比喻下属听了上级的教化，受到鼓励，从此自勉，于是他自己也得到了升迁，"以喻朋友既自勉励，乃得迁升于高位之上"。

后面毛亨还解释了受惊吓的小鸟鸣叫为什么是找朋友：

鸟既迁高木之上，又嘤嘤然，其为鸣亦，作求其友之声。以喻君子虽迁高位，而亦求其故友。所以求之者，视彼鸟之无知，犹尚作求其有之声，况人之有知矣焉，得不求其友生乎？②

意思是，受惊吓的小鸟从小树上飞到大树上，还在鸣叫着找朋友。小鸟的这些举动，可以比喻为君子在得到升迁、身居高位以后仍然不忘朋友，"嘤其鸣矣，求其友声"。小鸟都如此，何况人呢？

这首《伐木》之诗的娱乐作用和教化作用与《关雎》一样，娱乐作用里平和、宁静、清新、祥和的味道和意境，是可以在读诗的时候感受到的。而"嘤其鸣矣，求其友声""设言辞以规其友，切切节节然"等的"温柔敦厚""教化之道"，如果没看毛亨在注脚里做的那些解释，只读诗是读不到的。另外，根据史书记载，召穆王的话周厉王根本没听进去，最终引发著名的国人暴动。

那么，《诗经》里的诗都是这样顾左右而言他、不直抒胸臆吗？其实也不都是，《诗经》里还是有被我们现在称为现实主义的作品。比如，

---

① 左丘明．2005．国语·周语上．济南：齐鲁书社：5.
② 毛亨．2013．毛诗注疏（中）．上海：上海古籍出版社：820.

《诗经·魏风》里的几首诗，《魏风》一共有七首诗，其中包括《葛屦》《汾沮洳》《园有桃》《硕鼠》《伐檀》等。这些诗不是顾左右而言他，而是现实主义题材的诗，内容大多是讽刺时弊的。比如，《葛屦》这首诗，毛亨的解释是："葛屦，刺褊也。魏地陿隘，其民机巧趋利，其君俭啬褊急，而无德以将之。"①就是说，《葛屦》这首诗是讽刺古魏国国君急躁、无德的。为什么会讽刺古魏国的国君呢？因为古魏国这个国家地方小，老百姓很聪明又重视利益，国君收租子特别着急，又没有什么好的、有德行的办法去管理老百姓。

欣赏一段《葛屦》：

纠纠葛屦，可以履霜？掺掺女手，可以缝裳？要之襋之，好人服之。

这首诗的大意是：她穿着破烂的草鞋，怎么能度过冬天？纤弱的手，又怎么能为主人缝衣服？缝好衣服，恭候着主人来。这首诗是典型的"刺褊"之诗，以"刺褊"的手法描写一位卑微的妇女为主人（其实就是国君）缝衣服的情形。从文学的角度，这首诗以问句的方式描写妇女的境遇，更加强调了妇女凄惨的境遇。

大家都很熟悉的《硕鼠》也是《诗经·魏风》里的一首诗。毛亨对这首诗的解释是："硕鼠，刺重敛也。国人刺其君重敛，蚕食于民，不修其政，贪而畏人，若大鼠也。"②意思是，《硕鼠》这首诗是讽刺重税的。古魏国人讽刺他们的国君课税太重，只知道蚕食老百姓，不知道修正他们的管理方法，既贪心又让老百姓害怕，就像大老鼠一样。

"硕鼠硕鼠，无食我黍！三岁贯汝，莫我肯顾。逝将去汝，适彼乐土。乐土乐土，爰得我所。"意思是，你这个大老鼠，就知道吃我的东西。我不跟你玩了，走了，到更美好的地方去了。胡适先生说："看那《硕鼠》的诗人，气愤极了，把国也不要了，去寻他自己的乐土乐园。"③

不过有个问题来了，这几首讽刺诗有什么教化作用，能被孔子选进《诗经》里呢？毛亨对此是这么解释的，古魏国是过去舜和夏禹都城的所在地：

---

① 毛亨 . 2013. 毛诗注疏（上）. 上海：上海古籍出版社：507.
② 毛亨 . 2013. 毛诗注疏（上）. 上海：上海古籍出版社：525.
③ 胡适 . 2015. 中国哲学史大纲 . 北京：中华书局：36.

昔舜耕于历山，陶于河滨。禹菲饮食而致孝乎鬼神，恶衣服而致美乎黻冕，卑宫室而尽力乎沟洫。此一帝一王俭约之化，于时犹存。及今魏君啬且褊急，不务广修德于民，教以义方。其与秦、晋邻国日见侵削，国人忧之。当周平、桓之世，魏之变风始作。①

毛亨说，过去舜当首领的时候带着老百姓耕种，制造生活用的陶器。大禹当首领的时候，他自己吃得不好，却把最好的食物当贡品贡献给神灵；自己穿破衣服，把好衣服用在祭祀上；自己的宫殿很简陋，把力量都用在修水利上。这两位首领在位的时代，大家都勤俭节约。可是到了西周和春秋前期古魏国时，古魏国的国君急着收老百姓的租子，却没有给老百姓以厚德。由于古魏国和秦国、晋国是邻居，逐渐被它们侵占了很多地方，百姓都对自己的国家非常忧虑。因此到了周平王、周桓王的时代，古魏国的变风就来了。什么叫变风呢？变风就是讽刺诗。

所以，孔子"温柔敦厚，诗教也"，教化来自正反两个方面：正的教化是像《关雎》和《鹿鸣》那样，顾左右而言他，目的是颂扬周天子厚德的教化；反的教化就是《葛屦》《硕鼠》这样的变风，讽刺古魏国国君的无德。

## 三、人神共舞迈锡尼

其实认为诗歌有教化作用并不是中国的特色，东西方古代世界都是如此。18世纪法国百科全书派的哲学家孔狄亚克在论述诗歌起源时说：

人们可以清楚地看出原始诗歌的目的是什么。在各种社会组成的过程中，人类还完全不能从事于纯粹是娱乐性的那些活动，而迫使他们聚集起来的需要却使他们的目光局限于对他们可能有用的或者必不可少的

---

① 毛亨. 2013. 毛诗注疏（上）. 上海：上海古籍出版社：506.

东西上。故诗歌和音乐之所以得到培育，仅仅是为了教人认识宗教，知晓法律，以及用来纪念伟人们及其对社会所建树的功绩而已……原始诗歌的目的给我们指明了它的特点。确实，诗歌之歌颂宗教、法律和英雄，目的只是在公民中唤起爱慕、景仰以及进取的感情。①

孔狄亚克说的，教人认识宗教、知晓法律，纪念伟人们及其对社会所建树的功绩，唤起爱慕、景仰以及进取的感情的诗歌，和《诗经》里"先王以是经夫妇，成孝敬，厚人伦，美教化，移风俗"，几乎一模一样。和孔子"施于礼义""备于王道""成于六艺"，只是说法上不太一样。"教人认识宗教，知晓法律""施于礼义""纪念伟人们及其对社会所建树的功绩""备于王道""唤起爱慕、景仰以及进取的感情""成于六艺"，这些内容几乎毫无差别。尽管说法不太一样，但是中国和外国古代的诗歌都是想教化老百姓的。不过也正是因为其说法不一样，传承下来的思想也就不一样了。

下面咱们就去看看荷马史诗是如何教人认识宗教、知晓法律，唤起爱慕、景仰以及进取的感情的，看看外国人是怎么用诗歌去教化老百姓的。

特洛伊战争发生在公元前 1193—前 1183 年，那个时代属于古希腊迈锡尼文明时期，大约相当于中国殷商时代的后期，与中国殷商末年著名的牧野之战（公元前 1046 年）的时间差不多。特洛伊是现在土耳其达达尼尔海峡边的一座古城。特洛伊战争是古希腊斯巴达王子和特洛伊王子为了争夺世界上最美丽的女子海伦而进行的一场持续了 10 年的战争。不过就像殷商末年武王伐纣的牧野之战一样，这些在几千年前发生的战争，由于时间的久远都已经成了神话一样的故事，是真是假已经没办法证实。荷马写《伊利亚特》的时候，特洛伊战争也已过去几百年。司马迁在《史记·周本纪》中写牧野之战的时候，交战双方的周武王和商纣王也都去世 900 多年了。

下面我们来读几段《伊利亚特》中的文字。《伊利亚特》描写的是特洛伊战争发生以后，第 10 年里的 50 天发生的一些故事。故事始终都围绕着一个人——阿喀琉斯，以及一个事件——阿喀琉斯的愤怒展开。10 年的特洛伊战争只是作为背景出现在诗中。史诗属于叙事诗，描写的手法和"关关雎鸠，在河之洲"这种抒情式的手法不一样，是叙事式

---

① 孔狄亚克.1989.人类知识起源论.洪洁求，洪丕柱译.北京：商务印书馆：181-183.

的，即有时间、地点、人物和事件等的故事。

> 太阳下沉，昏暗的夜晚随即来临，
> 他们躺在船尾的缆索旁边安眠。
> 当那初升的有玫瑰色手指的黎明呈现时，
> 他们就开船回返，向阿开奥斯人的
> 广阔营地出发，远射的阿波罗给他们
> 送来温和的风，他们就立起桅杆，
> 展开白色的帆篷。和风灌满帆兜，
> 航行的时候，船破浪航行，走完了水程。
> 他们到达阿开奥斯人的宽阔营地，
> 把黑色的船拖上岸，高高放在沙丘上，
> 船身下面支上一排很长的木架，
> 他们自己分散到各自的船只和营帐里。
> 佩琉斯的儿子、神的后裔、腿脚敏捷的
> 阿喀琉斯满腔愤怒，坐在快船边。
> 他不去参加可以博取荣誉的集会，
> 也不参加战斗，留下来损伤自己的心，
> 盼望作战的呼声和战斗及早来临。

这段描写就是叙事式的，时间从"太阳下沉"一直到第二天"那初升的有玫瑰色手指的黎明呈现时"，地点是一个阿开奥斯人（也就是希腊人）的营地，人物是阿喀琉斯，事件是整个特洛伊战争中的一个场景。这段还包含一个重要内容，那就是阿喀琉斯的心情——愤怒。叙事式描写的故事，即使读者不了解背景情况，从诗的内容里也可以知道故事的内容和发生的过程。但要弄明白为什么会发生这个故事，那就得去了解一些背景情况了。前面说过，整个《伊利亚特》都围绕一件事，那就是阿喀琉斯的愤怒。他为什么愤怒呢？原因是迈锡尼国王阿伽门农把阿喀琉斯的战利品——一个名叫布里塞伊斯的女奴抢走了，这让阿喀琉斯很伤自尊，他受到极大的侮辱，于是他愤怒了。这一段就是写阿喀琉斯受到侮辱以后的一个场景。

这段叙事式的描写和抒情式的"关关雎鸠，在河之洲"不一样，我们可以随着故事中时间的流逝，读到在这个过程中发生的各种事情，以及许多真实的场景。比如，阿喀琉斯乘坐的战船，是如何立起桅杆、展开白色的帆篷，以及风灌满帆兜，到达营地以后等具体的描写。荷马史诗中的这些对真实场景的描写，千百年来一直吸引着心怀好奇的人梦想穿越历史的迷雾，去寻找这场战争留下的蛛丝马迹。真的会寻找到战争的蛛丝马迹吗？再来读一段。

> 他们进军，整个土地就像着了火一样，
> 大地在脚下呻吟，就像在发怒的雷神
> 宙斯脚下一样，当他在阿里摩人的国境内
> 鞭打土地时，据说提福欧斯就睡在下面。
> 大地就是这样在军队进行时呻吟，
> 他们行军，很快就踏过特洛亚平原。

这段描写的是希腊军队行军时的壮观场面，"整个土地就像着了火一样，大地在脚下呻吟，就像在发怒的雷神"。在读这段诗的时候，有心人会发现，这段诗在写壮观场面的同时，还透露出一些真实的信息：特洛亚平原。几千年前的诗篇里透露出的这个地方是真实存在的，在土耳其。土耳其地处小亚细亚半岛，基里基亚平原在半岛的西北角，隔爱琴海与希腊相望，而基里基亚平原也叫特洛亚平原。这些真实信息引起了一个满脑袋好奇的德国人的极大兴趣。

荷马史诗中那些真实的信息，点燃了一位德国探险家海因里希·施里曼（Heinrich Schliemann，1822—1890）去东方探险的激情。施里曼年轻时没有钱，实现不了探险之梦。后来他来到俄国圣彼得堡做染料生意，生意做得很成功。当变得越来越富有的时候，施里曼离开了商场，开始了实现梦想的探险生涯，那年他46岁。施里曼来到了小亚细亚和希腊的伯罗奔尼撒半岛，循着荷马史诗提供的信息，果然获得了巨大的成功。他首先在小亚细亚发现了特洛伊古城遗址，发现了特洛伊战争的痕迹，接着又在希腊半岛的伯罗奔尼撒发现了迈锡尼国的遗址，发现了用黄金打造的阿伽门农面具（图2-4）。荷马史诗里真实的信息让施里曼成为一位传

图 2-4 考古学家发现用黄金打造的阿伽门农面具

奇式的考古学家。

　　荷马史诗叙事式的手法留下了很多真实的信息，这些信息让施里曼成为一个传奇人物。这和抒情式的《诗经》完全不一样。而荷马史诗所带来的教化作用和《诗经》也完全不一样。雷立柏教授说："他的著作（指荷马史诗）描述人民对正义、荣誉和尊严的追求，以及神灵们对人的保护。"[1] 人民如何追求正义、荣誉和尊严，神又如何保护人呢？

　　《奥德赛》全诗12 110行，这部史诗里讲的故事，是围绕着一个人——奥德修斯，以及一件事——特洛伊战争结束后，奥德修斯历经10年漂泊，返回家园的艰难旅程展开的。奥德修斯是古希腊神话里的一个英雄，是特洛伊战争中木马计的发明人。荷马史诗中的三个主要人物阿伽门农、阿喀琉斯、奥德修斯是希腊神话中三个半人半神的英雄（史诗中把他们都叫作"神样的"，意思是和神一样厉害，但不是神）。他们分别出自古希腊的三个城邦，即阿伽门农的迈锡尼、阿喀琉斯的特萨利亚和奥德修斯的伊塔卡。迈锡尼、特萨利亚、伊塔卡，以及斯巴达、特洛伊、米利都等这些古希腊城邦，就是《伊利亚特》中所谓的阿开奥斯。阿开奥斯的意思就是古希腊城邦的联合体，这和《诗经》的时代又有相似之处，那时中国的西周也是带有联邦性质的许多诸侯国的联合体。

　　读一段《奥德赛》：

那海岛林木茂密，居住着一位女神，
诡诈的阿特拉斯的女儿，就是那位
知道整个大海的深渊、亲自支撑着
分开大地和苍穹的巨柱的阿特拉斯。
正是他的女儿阻留着可怜的忧伤人，
一直用不尽的甜言蜜语把他媚惑，
要他忘记伊塔卡，但是那位奥德修斯，
一心渴望哪怕能遥见从故乡升起的
飘渺炊烟，只求一死。……

　　这段诗讲了一个故事，奥德修斯被困在一个海岛上，海岛的女神，

---

[1] 雷立柏.2010.西方经典英汉提要：古代晚期经典100部.北京：世界图书出版公司：2.

擎天之神阿特拉斯的女儿，纠缠着奥德修斯要他留下来。这个故事有点儿像《西游记》里唐僧被困女儿国。奥德修斯也和唐僧一样，宁愿死，也要离开。

《奥德赛》里有很多故事，这些故事都围绕着奥德修斯在海上漂泊10年，最终返回家乡这件事展开。不过和《伊利亚特》一样，荷马也没聊整个十年的事情，而是选择了奥德修斯漂泊的最后一年中的最后50天。所有的故事都沿着两条线索展开：第一条是奥德修斯的故乡伊塔卡。特洛伊战争结束以后，奥德修斯被女神纠缠在海岛上无法返回故乡，家乡的人们都认为他已经死了，于是从几个城邦跑来上百个希腊王子向奥德修斯的妻子——美丽的珀涅罗珀求婚。他们住在奥德修斯的宫殿里，整天饮酒作乐，消耗着他家的钱财。不过，珀涅罗珀对丈夫忠贞不渝，对求婚者不为所动，却又无力摆脱纠缠。奥德修斯的儿子憎恨这些纠缠他母亲的求婚人，在女神雅典娜的帮助和指引下，他外出寻找父亲的音讯。第二条线索是奥德修斯本人。故事是讲在宙斯允许奥德修斯返回故乡以后，奥德修斯返乡路上遇到的各种故事，以及各种艰难险阻。下面读两段描写奥德修斯的儿子及求婚人的诗。

> 神样的特勒马科斯首先看见雅典娜，
> 他正坐在求婚人中间，心中悲怆，
> 幻想着高贵的父亲，或许从某地归来，
> 把求婚人驱赶得在宅里四散逃窜，
> 自己重享荣耀，又成为一家之尊。
> ……
> 高傲的求婚者们纷纷进入厅堂。
> 他们一个个挨次在便椅和宽椅就座，
> 随从们前来给他们注水洗净双手，
> 众女仆提篮前来给他们分送面食，
> 侍童们给各个调缸把酒一一注满，
> 他们伸手享用面前摆放的肴馔。
> 在他们满足了喝酒吃肉的欲望之后，

他们的心里开始想到其他的乐趣：
歌唱和舞蹈，因为它们是宴饮的补充。
一位侍从把无比精致的竖琴送到
费弥奥斯手里，被迫为求婚人歌咏。
歌人拨动那琴弦，开始美妙地歌唱。

这两段分别描写了奥德修斯的儿子和求婚人之间的事情。对奥德修斯儿子的描写是心理描写，对求婚人的行为和场景的描写是叙事式的描写。

这两段描写的是，战争结束以后，大家以为奥德修斯已经死了，于是各个城邦的100多个王子来到奥德修斯家，向奥德修斯的妻子求婚。这时这些王子已经在奥德修斯家纠缠他妻子三年了。从对奥德修斯儿子心理的描写，能看出他心里对求婚人充满了愤恨。"他正坐在求婚人中间，心中悲怆，幻想着高贵的父亲，或许从某地归来，把求婚人驱赶得在宅里四散逃窜"。不过从中又可以看出，奥德修斯的儿子没有找人杀了这些人，而是保持着极大的容忍和克制，继续招待他们，"侍童们给各个调缸把酒一一注满，他们伸手享用面前摆放的肴馔"。而再去读对求婚人的描写，"高傲的求婚者们纷纷进入厅堂。他们一个个挨次在便椅和宽椅就座"。从这些描写可以看出，三年来这些求婚人除了向奥德修斯的妻子珀涅罗珀求婚、吃喝玩乐、消耗奥德修斯家的钱财之外，没有做什么太过分的事情，这些求婚人也是有一定的节制的。这些行为背后的原因会是什么呢？

美国当代哲学家斯通普夫是这样解释的：

虽然荷马很大程度上用人的形象去描绘众神，他还是偶尔暗示自然界存在着一个严格的秩序。特别是，他提到存在着一种叫"命运"的力量，甚至众神也得服从它，所有的人和事物也必须服从它。①

故事背后的原因很清楚，那就是"甚至众神也得服从它，所有的人和事物也必须服从它"的克制、容忍、不做过分事情的"命运"的力量，荷马史诗的教化作用就这样从诗的描写里流露出来了。

---

① 撒穆尔·伊诺克·斯通普夫，詹姆斯·菲泽. 2009. 西方哲学史. 匡宏，邓晓芒，等译. 北京：世界图书出版公司：3.

从这里我们可以看到，荷马史诗的教化作用和孔子把《诗经》里"伐木丁丁，鸟鸣嘤嘤"变成诗歌以外"以喻君子虽迁高位，而亦求其故友"的教化完全不一样。荷马史诗里透露出：自然界存在着严格的、任何人都必须服从的秩序。这样的教化，不是后来的学者附会上去的，而是从故事里自然流露出来的，这种教化是在对"无为而自发，乃有益于生灵"的欣赏过程中同时完成的。

荷马史诗不但透露出众神和所有人都必须服从的秩序和命运的力量，也对胆敢挑战和不服从秩序与命运力量的人，是如何受到惩罚的做了描述。在《奥德赛》的最后几卷，诗人描写了奥德修斯化装回到故乡，他假扮乞丐试探求婚人中谁是行恶的人，然后奥德修斯现真身杀死了所有有罪的求婚人。这些惩恶扬善的教化，都是在史诗的故事中逐渐透露出来的。如孔狄亚克所说的："诗歌之歌颂宗教、法律和英雄，目的只是在公民中唤起爱慕、景仰以及进取的感情。"[①]这是荷马史诗在教化上的作用。

## 四、同为教化的不同思考

《诗经》和荷马史诗分别是人类历史上有文字以后流传下来的东方、西方的第一部文学作品，其中一个来自东方的华夏，一个来自西方的古希腊。两部作品都流传甚广，而且时间都超越了3000年，因此对东西方人产生的影响也是巨大的。所以，要想了解东西方这两拨人思维方式的不同以及如何不同、从什么时候开始不同，从这两部作品中就可以找到。另外，从比较中我们还能更清楚地发现，中国传统文化里哪些还是国粹，当然也会发现哪些已经变成了糟粕。

《诗经》对中国的影响开始于孔子整理《诗经》以后。孔子整理出的305首诗，描写的内容五花八门。作品产生的时间从西周初期一直

---

① 孔狄亚克．1989．人类知识起源论．洪洁求，洪丕柱译．北京：商务印书馆：181-183．

到春秋时代后期跨越了五六百年，诗中描写了农夫、采蘋女、战争、和平、爱情、快乐、痛苦，是作者的有感而发。有感而发的感来自哪里呢？来自作者的眼睛和脑子，也就是我们现在说的观察和思考。另外，《诗经》里有很多内容都来自大自然，比如，《关雎》里关关而鸣的小鸟，《鹿鸣》里呦呦而鸣的鹿，《诗经》描写过的植物就更多了。有人对《诗经》里出现的动植物种类做过统计，据说可以发现100多种。除了对自然界的观察之外，《诗经》里甚至还有科学记录，比如，《小雅·十月之交》里："十月之交，朔日辛卯，日有食之。"根据现代天文学家的推算，这句诗记录的是公元前776年8月29日中国北部可见的一次日食。当然《诗经》里更多的内容是描述当时社会和老百姓生活的。

当时社会和老百姓的生活是怎么样的呢？胡适先生在《中国哲学史大纲》里总结了四条。

第一，这长期的战争，闹得国中的百姓死亡丧乱，流离失所，痛苦不堪。如《诗经》所说：肃肃鸨羽，集于苞栩。王事靡盬，不能艺稷黍。父母何怙？悠悠苍天，曷其有所！

第二，那时诸侯互相侵略，灭国破家不计其数。古代封建制度的种种社会阶级，都渐渐地消灭了。就是那些不曾消灭的阶级，也渐渐地可以互相交通了……亡国的诸侯卿大夫，有时连奴隶都比不上。《国风》上说：式微，式微，胡不归？微君之躬，胡为乎泥中！

第三，封建时代的阶级虽然渐渐消灭了，却新添了一种生计上的阶级。那时社会渐渐成了一个贫富不均的社会。富贵的太富贵了，贫苦的太贫苦了。《国风》上所写贫苦人家的情形，不止一处。内中写那贫富太不平均的，也不止一处。如：小东大东，杼柚其空。纠纠葛屦，可以履霜。佻佻公子，行彼周行。既往既来，使我心疚……

第四，那时的政治除了几国之外，大概都是很黑暗、很腐败的王朝的政治。我们读《小雅》等几篇诗，也可以想见。例如，人有土田，女反有之。人有民人，女覆夺之。此宜无罪，女反收之。彼宜有罪，女覆说之。最痛快的，莫如：硕鼠硕鼠，无食我黍！三岁贯汝，莫我肯顾。逝将去汝，适彼乐土。乐土乐土，爰得我所。①

　　胡适先生说的"长期的战争""诸侯互相侵略""富贵的太富贵了，贫苦的太贫苦了""腐败的王朝的政治"等，显然不是从《毛诗注疏》中孔子聊的"温柔敦厚"的教导里读到的，而是从《诗经》诗篇本身，从"无为而自发，乃有益于生灵"那部分读到的。胡适说的那些状况其实并不只是周朝如此，中国古代历史甚至全世界古代历史的大部分时间几乎都是如此。而值得称赞和思考的是，胡适举例的那些诗篇，都出自3000年前的古人之手，从中可见3000年前古人的观察和思考。再加上从《诗经》里对自然、动植物、自然现象及科学的描写，我们可以更清楚地看到，古代的中国人不但心怀好奇，而且具有非常敏锐的观察力和严谨的理性思考能力。更重要的是，这些3000年前古人的创造力很强。像胡适举例的诗篇中："式微，式微，胡不归？"天都要黑了，天都要黑了，出去干活的哥哥怎么还没有回来？啰里啰唆地说一件事比较容易，但是想用几个极其简单的词语表现出丰富的情感是需要创造性的。还有更加脍炙人口的"硕鼠硕鼠，无食我黍！三岁贯汝，莫我肯顾。逝将去汝，适彼乐土。乐土乐土，爰得我所"（图2-5），同样是用极其简单的词语表现出极其丰富的情感。这几句还有更厉害的地方，那就是同时隐喻了对压榨他们的腐败官场的怨恨，"气愤极了，把国都不要了，去寻找自己的乐土乐园"②。这其中的创造性就更没得说了。这些好奇心、观察力、思考和创造力都是产生科学思考、发现科学规律、创造科学技术的基础。

　　从前面我们读过的《诗经》中会发现，几千年来中国知识分子、读书人读的《诗经》不是胡适先生举例的，也不是唐朝学者说的"无为而自发，乃有益于生灵"的《诗经》，而是孔子说的"温柔敦厚，诗教也"的《诗经》，是司马迁说的"施于礼义""备于王道""成于六艺"的《诗经》。而"施于礼义""备于王道""成于六艺"是很难产生好奇、观察、思考和创造力的。好奇、观察、思考和创造力更有可能来自"无为而自

---

① 胡适 . 2015. 中国哲学史大纲 . 北京：中华书局：34-36.
② 胡适 . 2015. 中国哲学史大纲 . 北京：中华书局：36.

图 2-5 《诗经·国风·硕鼠》

发,乃有益于生灵"的《诗经》。

我们再转过头去看看西方。荷马史诗是西方第一部文学作品,对西方人思维的影响也是巨大的。荷马史诗的两部作品《伊利亚特》《奥德赛》里,描写了大量人与神之间的故事。荷马史诗是如何影响西方人思维的呢?众神是道德的典范吗?

众神和人、众神和人的关系是荷马史诗中很重要的部分:

荷马描绘了奥林匹斯山的场景,在那里众神们过着和地上的人们相似的生活。这种对世界的诗意的观点也描绘了众神介入人类事务的方式。特别地,荷马的神会由于人们缺乏节制,尤其是他们的骄傲和不服从——希腊人称之为傲慢——而惩罚他们。这并不是说荷马的神非常地道德。相反,他们只不过比我们更强大,要求我们服从。①

荷马告诉大家,神比人强大,他们会惩罚人的傲慢,所以人要敬畏神、服从神。但是荷马还告诉大家,神和人一样,他们也不一定就非常有道德,而且神也和人一样必须服从自然界中存在着的严格秩序。因此众神不是道德的模范,他们之中有"文王之德",也有"纣王之虐",所以众神不是道德的终极理想。古希腊人不认为世界上存在理想化的道德典范。而且荷马史诗中的这些思想观念、教化,并不需要再去其他地方寻求解释,比如,想知道《诗经》的教化要去读孔子、毛亨、王弼的解释,荷马史诗里的教化,只需要读诗,然后自己做出判断。

由于两种不同的教化,荷马和孔子把东西方人带进了两个不同的思维世界。荷马史诗虽然不像《诗经》那样是来自作者对自然万物、动植物以及对当时社会生活等的观察、思考有感而发,描述的是神与人的神话故事。不过荷马史诗看上去是神话故事,但其中的故事、历史事件,更重要的是史诗中引起的思考,完全不是神话,而是真实的。历史事件是真实的,地点是真实的,而且引起的思考不是说教,不是教条,而是从史诗的描写中流露出来的,所以这样的思考是有说服力

---

① 撒穆尔·伊诺克·斯通普夫,詹姆斯·菲泽.2009.西方哲学史.匡宏,邓晓芒,等译.北京:世界图书出版公司:3.

的，是真的会影响人的行为和道德观念的。而孔子赋予《诗经》"施于礼义""备于王道""成于六艺"的"设言辞以规其友，切切节节然""文王之德"的教化，更多的是说教，是教条。

荷马建立了一个神的世界，他用自己的故事，在教会西方人敬畏神的同时，还教会了西方人独立思考的能力。在荷马以后，懂得敬畏神又学会了独立思考的西方人，逐渐走出了荷马史诗建立的神的世界，迈向了新的、与神没有任何关系的科学思维的世界。"迈出这一小步的是三个伟大的米利都哲学家，泰勒斯、阿那克西曼德和阿那克西米尼……米利都派的哲学则发轫于一个独立思考的行动。他们问：'事物实际上是什么？''我们如何解释事物中的变化过程？'这就真正告别了荷马的诗歌，而走上一条更加科学的思想道路。"① 泰勒斯以后，苏格拉底、毕达哥拉斯、柏拉图、亚里士多德等哲学家、科学家不断涌现，一直到牛顿、爱因斯坦，西方人的思维一直在不断更新，人类文明也随之不断进步。

而本来是来自大自然、来自对真实世界的观察与思考的《诗经》，却被赋予了太多的说教和教条，这些说教和教条不但没有给后来的中国人带来多少敬畏之心，更没有给其带来多少独立思考的能力，反而禁锢了中国人本来已经具有的好奇心、敏锐的观察、理性的思考和创造力。

所以，《诗经》"无为而自发，乃有益于生灵"里透露出的好奇心、敏锐的观察、理性的思考和创造力，至今还是中国文化中、国故中的国粹。而儒家赋予《诗经》的，从生有圣德的周文王而来的"温柔敦厚"，是不是已经成为阻碍我们进步的、禁锢我们独立思考的因素了呢？

---

① 撒穆尔·伊诺克·斯通普夫，詹姆斯·菲泽. 2009. 西方哲学史. 匡宏，邓晓芒，等译. 北京：世界图书出版公司：3.

# 第三章 "万能"的八卦和粗率的开始

八卦虽然是算命用的,却有很多内容是出自二进制的数学思考。其中透露出的中国人祖先伟大的智慧,连德国哲学家黑格尔和莱布尼茨都称赞不已。不过,伟大祖先理性的智慧没有被传承下来,八卦最终走进虚无,落入迷信的旋涡。而古希腊毕达哥拉斯关于一和二的思考,成为欧几里得几何学的先驱。中国祖先的数学思考为什么没有对人类文明做出更多的贡献?这是非常值得我们反思的问题。

## 一、"葵花宝典"

胡适先生在《国学季刊》发刊宣言中说:"那些静坐扶乩,逃向迷信里去自寻安慰的,更不用说了。"[①]这个扶乩,大家一定比较生疏。其实扶乩是中国历史上曾经非常流行的一种占卜算命的仪式和方法,这种玩法属道家出品。它还有很多名字,如扶箕、抬箕、扶鸾、挥鸾、降笔、请仙、卜紫姑、架乩。不过在今天,扎乩已经很少有人知晓了,但占卜算命,如算卦、看风水、看手相、占星等,这些来自远古时代的迷信或者说民俗活动直到今天仍然占有非常巨大的市场份额。

说起占卜算命,最权威的"葵花宝典"应该就是八卦、《易经》:"圣人设卦观象,系辞焉而明吉凶,刚柔相推而生变化。是故吉凶者,失得之象也。"[②]所谓"设卦观象"就是以八卦,当然还有六十四卦来设卦观象,观的是阴阳、四象也。设卦观象干什么?为明吉凶得失也,就是预测未来是吉还是凶。什么叫预测未来呢?未来是将来进行时,就是想做还没做的事情。比如,最近大米的行情不错想做大米生意,但是又怕行情突然变,怎么办?于是就去找算命先生算一把,预测一下如果去卖大米是发财还是亏本。现代著名易学大师尚秉和先生总结道:"易者占卜之名。祭义。易抱龟面南,天子卷冕北面。"[③](图3-1)尚先生说古代"易"的意思就是占卜和祭祀。怎么占卜呢?易人,也就是第一章聊过的贞人,他抱着乌龟壳面朝南站着,天子把帽子卷起来面朝北站着。因此用"易"占卜算命一直流传到今天,八卦、《易经》仍然是算命先生和风水先生的宝典、必读书。

古代中国人怎么就发明了这么神奇的八卦和《易经》呢?难道就是

---

[①] 胡适.2015.国学季刊发刊宣言//胡适.胡适文存(第二集).上海:上海科学技术文献出版社:3.
[②] 杨天才,张善文译注.2011.周易·系辞上.北京:中华书局:565.
[③] 尚秉和.1980.周易尚氏学.总论.北京:中华书局:1.

图 3-1 易抱龟面南，天子卷冕北面

上一章聊的，从"殷人尊神，率民以事神，先鬼而后礼"发展而来的？但是殷商时代占卜是用乌龟壳，和八卦完全不是一回事，乌龟壳怎么就变成八卦了呢？关于从乌龟壳演变到八卦的过程，我国著名哲学家冯友兰先生有过很细致的研究，他的研究比其他学者，如梁启超、胡适等都深入。在《中国哲学史》和用英文写的《中国哲学简史》两本书里，冯友兰先生对此有过很详细的解说，咱们看看冯先生如何说：

  商代无八卦，商人有卜而无筮。筮法乃周人所创，以替代或补助卜法者。卦及卦爻等于龟卜之兆。卦辞爻辞等于龟卜之繇辞。繇辞乃掌卜之人，视兆而占者。[1]

  冯友兰先生说，殷商时代没有八卦，殷商的人占卜有卜无筮。什么是卜和筮？《礼记》里说，"龟为卜，荚为筮"，意思就是，用乌龟壳算命叫卜，用荚算命叫筮。荚是一种豆荚植物。也许一开始有人用豆荚来算命，不过后来不用豆荚改用蓍草了，所以用蓍草算命也是筮。冯先生接着说，从筮产生了八卦，八卦的卦和爻等于用乌龟壳占卜龟壳裂纹形成的兆象，八卦的卦辞、爻辞等于用龟壳算命的繇辞，繇辞就是记在甲骨上的卜辞，就是甲骨文。

  那龟卜是如何变成筮卜的呢？冯友兰先生认为筮卜是周朝创造的，用来替代和补充龟卜的不足。冯友兰先生说，"烧灼甲骨，出现裂纹，根据裂纹来断定所卜的吉凶"。[2] 这里说的断定吉凶的裂纹，就是他前面说的"龟卜之兆"的"兆"。"灼龟自然的兆象，既多繁难不易辨识；而以前之占辞，又多繁难不易记忆。"[3] 乌龟壳上烧灼出来的兆象乱七八糟的，复杂又不好辨认，怎么办呢？"这种占卜方法，到了西周，似乎已经辅之以另一种方法，就是揲蓍草的茎，形成各种组合，产生奇数、偶数。这些组合的数目有限，所以能够用固定的公式解释。"[4] 于是西周时期进行了创新，他们发明了揲蓍草茎的占卜方法，这种方法把烧灼乌龟壳出现的裂纹所呈现的不确定性、无序性、复杂性等不易辨认的问题解决了。

---

[1] 冯友兰. 2014. 中国哲学史. 北京：中华书局：385.
[2] 冯友兰. 2010. 中国哲学简史. 涂又光译. 北京：北京大学出版社：118.
[3] 冯友兰. 2014. 中国哲学史. 北京：中华书局：385.
[4] 冯友兰. 2010. 中国哲学简史. 涂又光译. 北京：北京大学出版社：119.

揲蓍草茎就像码小棍或者撒小棍的游戏一样，用许多蓍草的茎来算命。

蓍草就是一种小草，在植物学分类上属于菊科蓍属植物，在中国南北方都非常常见，现在很多地方还拿蓍草来做街边或者街心花坛的装饰花。因为这种草有一根像筷子一样又直又不是很长的茎，所以蓍草在乌龟壳以后，荣幸地当选为新一任的占卜神器。冯友兰所说"揲蓍草的茎，形成各种组合，产生奇数、偶数。这些组合的数目有限，所以能够用固定的公式解释"，这个公式就是八卦。揲蓍草就是发明八卦的原因。那八卦是怎么通过揲蓍草发明的呢？在揲蓍草茎的时候，古人还把蓍草分成两种：一种是整根的，一种是中间折断的，这就是八卦里所谓的爻。整根是阳爻，折断的是阴爻。用某种方法，比如，像撒小棍一样，把整根和折断的两种爻随手撒在地上，这些蓍草会构成一个图像，这个图像就是八卦中的卦爻。这样的卦爻显然比烧灼乌龟壳得到的"龟卜之兆"清晰明了，也简单多了。"卦爻仿自兆而数有一定，每卦爻之下又系有一定之辞。筮时遇何卦何爻，即可依卦辞爻辞，引申推论。比之龟卜，实为简易。"①冯友兰说，"卦爻"和"龟卜之兆"一样都是算命以后得到的征兆，但"卦爻"不再像"龟卜之兆"那样乱七八糟、毫无规律了。"卦爻"的图像有一定数量，每一种卦爻的图像还有一定的解释，这个解释就是爻辞和卦辞。这样遇见什么样的卦爻，就可以依据卦爻辞的解释去引申推论，然后断定吉凶。这个方法比龟卜要简单、容易得多，更重要的是，八卦也从揲蓍草里产生了。"人们现在相信，八卦和六十四卦的连线（表示奇数，阳爻）、断线（表示偶数，阴爻）就是这些组合的图像的基本构成元素。占卜者用这种揲蓍草的方法得出（卦画）各爻，然后对照《易经》读出它的卦辞爻辞，断定所卜的吉凶。"②

《易经》中最基本的元素就是八卦、六十四卦的卦爻，还有卦辞和爻辞。这些都是谁发明的呢？冯友兰有个推测：

照传统的说法，八卦是伏羲所画。伏羲是中国传说中的第一个天子，比黄帝还早。有些学者说，是伏羲本人组合出六十四卦；另一些学者说，是公元前12世纪的文王组合出六十四卦。有些学者说，卦辞和爻辞都是

---

① 冯友兰. 2014. 中国哲学史. 北京：中华书局：386.
② 冯友兰. 2010. 中国哲学简史. 涂又光译. 北京：北京大学出版社：119.

文王写的；另一些学者说，卦辞是文王写的，爻辞是文王的杰出的儿子周公写的。这些说法无论是真是假，都是表明中国人赋予八卦和六十四卦以极端重要性。①

神奇的八卦、《易经》就这样从殷商时代的龟卜、西周的卜筮中，被伏羲、周文王、周公创造出来，然后走进了中国历史，走进了中国文化。不过《易经》是算命的秘籍，怎么成了儒家经典呢？历史上无论是汉武帝的五经博士还是后来的六经、十三经，里面都堂而皇之地有一本《易经》。这本算命先生的宝典怎么就成了儒家经典了呢？咱们还是听听冯友兰老先生怎么说。他说："《易》本为筮用，但后则虽不于筮时，人亦常引申卦爻辞中之意义，以为立说之根据。"②冯先生的意思是，《易经》本来是一部占卜用的书，后来大家在不占卜的时候，把其中的卦辞和爻辞中表达的意思当成自己立说的根据了。怎么叫立说的根据呢？"孔子引申《恒》卦九三爻辞之意义，以教人须有恒，亦此类也。"③冯友兰说，孔子引申《恒》卦的意义，教人应该做事有恒。《恒》是什么？《恒》卦九三又是什么？《易·下经》中说"彖曰，恒，久也……九三，不恒其德，或承之羞，贞吝。"④这句本来是算命先生拿来忽悠人的爻辞，被孔子拿来告诫他的学生，你们如果不懂道德持之以恒，那就要蒙羞！"《易经》本来是一本占卜的书。到后来，儒家为它做出了宇宙论、形而上学的、伦理学的解释，构成了《易传》，附在现在通行的《易经》后面。"⑤所以，儒家读《易经》不是因为迷信，不是为了算命。《易经》虽然本来是用作算命的，但是其中包罗万象的卦辞爻辞，可以引申到生活的各个方面，于是儒家把算命的《易经》做出了宇宙论、形而上学的和伦理学的解释，作《易传》，于是《易经》就变成了儒家哲学的一部分。

不过什么是《易传》呢？《周易》中包含以下几个部分的内容：《经》（上、下）、《系辞》（上、下）、《彖》、《象》、《文言》、《说卦》、《序卦》、《杂卦》，一共十篇。这里的《经》（上、下）就是伏羲、周文王和周公演周

---

① 冯友兰.2010.中国哲学简史.涂又光译.北京：北京大学出版社：118.
②③ 冯友兰.2014.中国哲学史.北京：中华书局：386.
④ 朱熹.2008.周易本义.北京：中华书局：131.
⑤ 冯友兰.2010.中国哲学简史.涂又光译.北京：北京大学出版社：141.

易的《易经》，包括卦、爻、卦辞、爻辞。而《系辞》（上、下）、《象》、《彖》、《文言》、《说卦》、《序卦》、《杂卦》等就是《易传》。《周易》加《易传》就是所谓的《易·十翼》。那为《易经》做出宇宙论、形而上学、伦理学解释的《易传》是谁写的呢？《史记·孔子世家》中说："孔子晚而喜易，序彖、系、象、说卦、文言。"司马迁说《易传》是孔子写的。不过冯友兰先生不认为《易传》是孔子写的，他说，"所谓《十翼》非孔子所作……""《易传》之作者，非止一人，然皆本此观点以观《易》，本前人之说，附以己见，务与《易》之卦爻及卦辞爻辞以最大之涵义，以使《易》成为一有系统之哲学书也"①。他说，《易传》出自不止一个人之手，他们的目的是把《易经》里的卦、爻、卦辞、爻辞的含义扩展，使《易经》成为一本有系统的哲学著作。

那儒家把《易经》变成了什么样的哲学呢？

## 二、儒家宝典

冯友兰说，儒家为《易经》做出了"宇宙论、形而上学的、伦理学的解释"，那么儒家是如何解释的呢？什么叫"宇宙论、形而上学的、伦理学的解释"呢？算命先生的秘籍也和宇宙论、形而上学、伦理学沾边吗？

咱们先看看什么是宇宙论。宇宙论，就是人们亘古以来对宇宙的研究和探索，是对夜空上满天星斗的来历、宇宙的结构及我们在宇宙中的位置等的了解和认识。各个时代由于科学认知的不同，各个不同的民族、宇宙论都是不一样的，所以不同时代、不同民族有各自不同的宇宙论。比如，亚里士多德时代的西方宇宙论是水晶球理论，也就是被哥白尼否认的地心说。现代科学的宇宙论从哥白尼的日心说开始，再发展到现在的宇宙大爆炸理论、弦理论、多重宇宙论等。

---

① 冯友兰 . 2014. 中国哲学史 . 北京：中华书局：387.

儒家从《易经》里也看到了宇宙论吗？咱们来读一段《周易·系辞》中的文字，看儒家学者是如何解读《易经》里的宇宙论的。《周易·系辞》开篇这样写道："天尊地卑，乾坤定矣。"天地乾坤来了，这就是中国的宇宙论吗？这两句话的意思是，天是尊贵的，地是卑贱的，因为这是由乾坤决定的。那决定天尊地卑的乾坤是什么呢？再读《周易·系辞》，"天地氤氲，万物化醇；男女构精，万物化生"。①这里氤氲的意思是烟雾弥漫，"天地氤氲，万物化醇"意思就是万物是从弥漫的烟雾中逐渐醇化出来的。什么叫"男女构精，万物化生"？冯友兰的分析是："男女交合而生人，故类推而以为宇宙间亦有二原理。其男性的原理为阳，其卦为乾；其女性的原理为阴，其卦为坤。而天地乃其具体代表。"②冯友兰的意思是，古人认为万物能从天地间弥漫的烟雾中逐渐醇化出来，"天地氤氲，万物化醇"，那是因为古人从经验中看到，人世间男女交合以后可以繁衍后代，于是用这个经验的类推来说明"万物化醇"。类推就是把万物产生的原因和人世间男女交合可以繁衍后代视为（类推为）一回事，"男女构精，万物化生"。不过生出万物的并不是男人和女人，而是乾卦和坤卦，就是天地。可天地是有区别的，一个在上，一个在下，中国有男尊女卑的传统观念，结果男的就安排在上坐，是乾、是天，女的被安排在下坐，是坤、是地，所以"天尊地卑，乾坤定矣"。这就是儒家根据当时人们的知识结构和思维习惯从《易经》中解释出来的宇宙论。看上去还是有些道理的，不过，男人为什么就在上坐，就尊贵，而女人为什么就在下坐，就卑贱而不能反过来呢？

什么是形而上学呢？按照哲学家的说法，形而上学是脱离了事物外在形式的理念，就是康德说的"完全没有掺杂任何经验性的东西"的纯粹理性。③怎么才是脱离事物外在形式的理念呢？还是听听哲学家康德怎么说："正是在这样一些超出感官世界之外的知识里，在经验完全不能提供任何线索、更不能给予校正的，就有我们的理性所从事的研究……"④什么叫"超出感官世界之外、经验完全不能提供任何线索"的

---

① 朱熹 . 2008. 周易本义 . 北京：中华书局：252.
② 冯友兰 . 2014. 中国哲学史 . 北京：中华书局：389.
③ 康德 . 2009. 纯粹理性批判 . 邓晓芒译 . 北京：人民出版社：2.
④ 康德 . 2009. 纯粹理性批判 . 邓晓芒译 . 北京：人民出版社：5.

知识呢？先看看什么是感官世界之内的、经验可以提供线索的知识。比如对于桌子和苹果，感官和经验告诉我们，桌子是用木头或者其他材料制作的，有四条腿（或者少于或者多于四条的）、有桌面的一件东西；苹果是长在苹果树上圆圆的、红红的、可以吃的一种果实。如果脱离了材料、桌子腿、桌面、苹果树、圆圆的、红红的、可以吃的果实等这些感官和经验，桌子和苹果肯定瞬间消失了，所以说感官的、经验的桌子、苹果不是形而上学的。另外，前面关于"男女构精，万物化生"的宇宙观，男女构精显然也是由经验提供的线索，没有男女就不可能构精。那什么才是形而上学的理念呢？现实中的桌子、苹果和男女不是脱离感官和经验的、不是形而上学的。不过作为词语的桌子、苹果和男女，是脱离感官和经验的，是形而上学的。但是这不太容易理解，更容易理解的是数学，如一加一等于二，这是不需要感官也不需要经验验证的，所以是形而上学的。

　　《易经》是算命的秘籍，里面会有形而上学的东西吗？算命不应该是形而上学的，算命的目的性极强，比如，算一算盖房子的地方风水好不好，算一算卖大米是发财还是亏本，离开这些具体的目的就不需要找算命先生算命了。不过儒家把《易经》中卦辞和爻辞的含义扩展，使《易经》成为一本有系统的、形而上学的哲学著作。儒家如何扩展《易经》的含义，让《易经》可以脱离算命这种事物的外在形式，成为完全没有掺杂任何经验性东西的纯粹理念呢？这就是冯友兰先生说的，"揲蓍草的茎，形成各种组合，产生奇数、偶数"。用蓍草组成的阴阳二爻，它们的存在不需要任何外在的形式和任何经验性的东西。《周易·系辞下》里这么写道："八卦成列，象在其中矣。因而重之，爻在其中矣。"[①]意思就是，象来自阴阳二爻列出的八卦，三百八十四爻来自八卦两两重叠得到的六十四卦。象和爻都不是具体的事物，但是可以指导具体的事物，象和爻是任何事情福祸吉凶的征兆，是脱离事物外在形式的，所以是形而上学的。《易传》里的《彖》《象》《文言》就是儒家为《易经》六十四卦做出的形而上学的解释。

　　那么，儒家还为《易经》做出过什么伦理学的解释呢？中国的所谓

---

[①] 朱熹.2008.周易本义.北京：中华书局：244.

伦理学，就是孔子的仁义道德、君君、臣臣、父父、子子，是孝道。《易传》里也有这些吗？《序卦》里这么写道：

> 有天地然后有万物……有夫妇然后有父子，有父子然后有君臣，有君臣然后有上下，有上下然后有礼义有所错。夫妇之道不可以不久也，故受之以《恒》。恒者，久也。①

这里儒家把《易经》中宇宙论的成因扩展到夫妇、父子、君臣、上下、礼仪的关系上，并用恒卦来举例说明伦理是长久的、必然的。这应该就是儒家为《易经》做出的伦理学解释。

如此说来，经过儒家诠释的，包含《易传》的《易经》中所谓的十翼，不仅是算命先生的秘籍、宝典，还是一部具有宇宙论、形而上学和伦理学体系的哲学著作。不过儒家对《易经》的这番诠释，除了像冯友兰、胡适这样的现代哲学家明白其中的哲学之道之外，似乎还很少有人知道十翼里的《彖》《象》《文言》《系辞》《说卦》《序卦》《杂卦》这些篇章是来自孔子及其他儒家学者的哲学思考。为什么这么说呢？因为从2000多年的历史来看，这些篇章并没有让《易经》从迷信和算命走进哲学，更别说走进科学了。我们不禁会问，为什么《易经》在2000多年的流传中被关注和称赞的，都是扶乩、算命、迷信的部分，而《易经》中理性的部分、哲学思考却少有人理会，少有人关注、称赞呢？

要探讨或者回答这个问题，还是要回到历史之中，回到《易经》之中，去读《易经》。《易经》流传了2000多年，无论是算命的《易经》还是儒家的《易传》，真正认真读过的人并不多，那咱们就补补课，先读《易经》，再读《易传》。

如果是初次读《易经》，打开书读起来会觉得一头雾水，不知所云，那咱们就耐下心来，顶着一头的雾水，一句一句地开始读。不过读以前先对《易经》的结构有一些了解，这样雾水就能去掉三分之一。什么结构呢？原始的《易经》就是《经》（上、下），其余的《系辞》（上、下）、《彖》、《象》、《文言》、《说卦》、《序卦》、《杂卦》，都是后来的儒家学者写的《易传》。《经》里包括卦、爻、卦辞和爻辞四部分。所谓卦，就是

---

① 朱熹. 2008. 周易本义. 北京：中华书局：269.

乾、坤、屯、蒙、需、讼、师等六十四卦；所谓爻，也叫卦爻，就是每个卦旁边的图形。按照冯友兰的分析，"卦爻仿自兆"，兆就是龟卜的时候经过烧灼龟骨上出现的裂纹，《易经》卦爻的图形来自蓍草，但是和龟卜的兆作用是一样的，都是算命时得到的征兆。基本的卦爻是八卦，每个卦爻由三个爻组成，比如，乾卦是三个阳爻，坤卦是三个阴爻。六十四卦是在八卦的基础上演变而来的，把八个三个爻的卦两两重叠，变成六个爻的六十四卦。所以六十四卦的乾卦就变成了六个阳爻，坤卦就变成了六个阴爻。用现在的语言来形容，八卦是基本语言，六十四卦是高级语言。《易经》的经就是关于这六十四卦的所有的卦、爻、卦辞和爻辞。

咱们从《易经》的第一卦乾卦读起。打开《易经》第一个字是"乾"，这就是第一卦，乾卦，乾字旁边是一个由六个爻组成的图，这个图就是爻。现在卦和爻有了，那卦辞和爻辞在哪儿呢？接着往下读："乾：元、亨、利、贞。初九，潜龙，勿用。九二，见龙在田，利见大人。九三，君子终日乾乾，夕惕若厉，无咎。九四，或跃在渊，无咎。九五，龙飞在天，利见大人。上九，亢龙有悔。用九，见群龙无首，吉。"① 这些就是卦辞和爻辞。

其中"乾：元、亨、利、贞"是乾卦的卦辞，后面的都是爻辞。爻辞里"初九、九二、九三……上九、用九"是什么意思呢？这是六条爻从下至上的六个名称，以及一个总的名称。六条线中最底下的那条叫初九，往上一个是九二，如此类推，九三、九四、九五，最上面的是上九，用九是六爻总的说明。另外，因为乾卦的六爻都是阳爻，所以都是九，如果有阴爻出现，九就改为六。比如，坤卦是六条阴爻，那就是初六、六二、六三一直到上六，总的说明就是用六了。

那什么叫"元、亨、利、贞"？"初九，潜龙，勿用。九二，见龙在田，利见大人……"又是什么意思呢？这些都是周文王总结出来的告诉大家的真理，不过都是算命用的。咱们还是去看看儒家学者在《易传》里是如何对《易经》做宇宙论、形而上学和伦理学哲学的解释的。

来看《彖》《象》《文言》。一般在《易经》的书里，《彖》《象》《文

---

① 朱熹.2008.周易本义.北京：中华书局：29-32.

言》都混在《经》里，跟在卦辞和爻辞的后面。乾卦的《彖》《象》《文言》里有这些叙述。

彖曰，大哉乾元，万物资始，乃统天。云行雨施，品物流形。大明终始，六位时成。时乘六龙以御天。乾道变化，各正性命……

象曰，天行健，君子以自强不息……

文言曰，元者，善之长也；亨者，嘉之会也；利者，义之和也；贞者，事之干也……

这些就是儒家学者在《彖》《象》《文言》里对乾卦的解读。

其中《彖》的解释是"彖曰，大哉乾元，万物资始，乃统天"，意思是宇宙中最开始、最大的物体是乾，也叫元。这是万物的开始，是天的统治者。万物的开始是什么？不就是宇宙论吗？儒家认为，宇宙万物始于乾元这个开始，就相当于如今的科学家聊的宇宙大爆炸开始于一个奇点。前一句是对宇宙论总的说明，后面是具体的描述："云行雨施，品物流形。大明终始，六位时成。时乘六龙御天。乾道变化，各正性命……"这些是什么意思呢？这里先描述了宇宙万物、天上地下及人世间的各种自然现象和事物，比如，云和雨、物品的流通、从日月轮转而来的白天黑夜、时间、方位，"云行雨施，品物流形。大明终始，六位时成"。如何呢？这一切都由天上六条龙驾驭着。乾道的变化其实就是这些现象和事物各自所遵循的规律，"时乘六龙以御天。乾道变化，各正性命"。御天的六条龙就是六爻，六爻就是六条御天之龙也。

接着看《象》是怎么解释的："象曰，天行健，君子以自强不息。""天行健"，意思是，乾就是运行的天，健是乾的属性之一，《周易·说卦》中写道"乾，健也"，后面的"君子自强不息"显然不是来自什么具体的经验，而是一种脱离了事物外在形式的精神。什么是精神？比如，为人民服务，这里的人民不是指具体的哪个人，而是人民这个名词所代表的全体老百姓。为全体老百姓服务的为人民服务就属于脱离了事物外在形式，没有任何经验性东西的纯粹理念。所以自强不息就是一种精神，属于脱离事物外在形式的纯粹理念，是哲学上的形而上学。在这里儒家学者认为，周而复始、生生不息地运行着的天，就像自强不息的君子一样。

再看《文言》，这里解释了什么是元、亨、利、贞。元、亨、利、贞这几个字在算命的时候都是表示吉利的，儒家对这几个字做了算命以外的解释："元者，善之长也"，意思是元就是最长久的善，"善之长"，什么是长？《说文解字》中有："长，久远也。"长就是久远的意思；"亨者，嘉之会也"，这里有两个关键字："嘉""会"。"嘉"是"善"和"美"的意思，《说文解字》中有："嘉，善也。又曰，嘉，美也。""会"有"合"和"益"的意思，《说文解字》中有："会，合也。曾，益也。"于是"亨者，嘉之会"的意思就是，亨是各种善的有益的集合体；"利者，义之和也"，这句比较容易读懂，就是利益一定是以仁义的方式得到的利之和；反之，不是以仁义的方式得到利益就是恶行，不是善行；"贞者，事之干"，这里的关键字是"贞"和"干"，"贞"我们都知道，就是算命，"干"是犯或者侵入的意思，那么这句话的意思就是，算命是犯或者侵入我们生活中的一种行为。在这里，《文言》强调了善、嘉、义等道德观念，也就是伦理学的问题。

读了儒家学者为《易经》乾卦写的这些《彖》《象》《文言》，不能不佩服这些儒家学者，他们真的如冯友兰所说，把本来算命用的《易经》的卦、爻、卦辞、爻辞演变成了宇宙论、形而上学及伦理学等纯粹的哲学命题。

除了上面这些，儒家学者还把伏羲或者周文王发现八卦并演绎出《易经》的过程做了一番论证，从论证中我们可以看到中国古代整体的宇宙观和认识论。在哪里可以看到这些论证呢？就是《周易·系辞》，在《周易·系辞》中我们可以读到中国古代宇宙论产生的过程。

"是故易有太极，是生两仪，两仪生四象，四象生八卦。八卦定吉凶，吉凶生大业。"[①] 这几句话出自《周易·系辞上》（图3-2）。

不过如果去网上搜索这几句话，会搜出这样的评论："整段话的意思指浩瀚宇宙间的一切事物和现象都包含着阴和阳，以及表与里的两

---

① 朱熹. 2008. 周易本义. 北京：中华书局：240.

图 3-2　易有太极，是生两仪，两仪生四象，四象生八卦

面。而它们之间却是既互相对立斗争又相互滋生依存的关系，这既是物质世界的一般律，是众多事物的纲领和由来，也是事物产生与毁灭的根由所在。天地之道，以阴阳二气造化万物。天地、日月、雷电、风雨、四时、子前午后，以及雄雌、刚柔、动静、显敛，万事万物，莫不分阴阳。人生之理，以阴阳二气长养百骸。经络、骨肉、腹背、五脏、六腑，乃至七损八益，一身之内，莫不合阴阳之理。这一理论建立至今凡两三千年，仍在为人们描述万象。人与自然之间存在着互动的关系。人与天地相参，与日月相应，一体之盈虚消息，皆通于天地，应于物类。"[1]这些话显然不是儒家学者想说的，其实这些话，可以说是把《周易·系辞》里的话做了现代的解读，这种思维是出自对西方文化的一种反抗，但是这样反抗既无力也毫无用处，更可怕的是，还可能会让人更鄙视国学，如胡适当年说的那样：

在这个悲观呼声里，很自然的发出一种没有气力的反动的运动来。有些人还以为西洋学术思想的输入是古学沦亡的原因；所以他们至今还在那里抗拒那些他们自己也莫名其妙的西洋学术……在我们看起来，这些反动都只是旧式学者破产的铁证；这些行为，不但不能挽救他们所忧虑的国学之沦亡，反可以增加国中少年人对于古学的蔑视。[2]

所以读古代的经典，并且希望从中得到有益的启示，最好的方法是先抛开对中国古代文化过度的膜拜和迷信，并且抛开对所谓西方文化无力的抗拒，静下心来，回归到理性和客观之中，以理性的态度仔细地去阅读每一部古代经典。

那么，回归到理性和客观之中、以理性的态度仔细地阅读每一部古代经典的学者有哪些？他们就是胡适先生和冯友兰先生。我们来看看这样的学者是怎么解读的。对于《周易·系辞》里的这几句话，胡适先生是这么解读的："这是代表万物由极简易变为极繁杂的公式。"[3]由极简易变为极繁杂的公式，显然和数学公式一样是方法，也就是古代中国人认识万物的方法。而冯友兰先生对这几句话是这么解读的："这个说法后

---

[1] 百度百科. http://baike.baidu.com/item/太极生两仪，两仪生四象/8139080?fr=aladdin.
[2] 胡适. 2015. 国学季刊发刊宣言 // 胡适. 胡适文存（第二集）. 上海：上海科学技术文献出版社：3.
[3] 胡适. 2015. 中国哲学史. 北京：新世界出版社：57.

来虽然成为新儒家的形上学、宇宙论的基础，然而它说的并不是实际宇宙，而是《易》象的系统。"①什么叫《易》象的系统？这个系统是从哪儿来的呢？这个系统就来自古代中国人心中对宇宙的认识，也就是古人的宇宙观和认识论，是中国古人在当时的知识结构中认识宇宙、认识世界、认识事物的方法论。而且这个《易》象的系统、方法论再厉害，也不可能是天外来客，它不是从石头里钻出来的，而是古代中国人通过对宇宙对自然长期的观察、思考、总结和演绎出来的。而《周易·系辞》里这几句话就是儒家学者对这个过程的解读，而不是网上说的"众多事物的纲领和由来，是事物产生与毁灭的根由所在"。

这几句话是怎么解读八卦和《易经》的产生过程的呢？咱们来一句句地读这几句《周易·系辞》。

首先读第一句"是故易有太极"。意思就是，《易经》是从太极开始的。什么是太极？胡适先生说，"此处所说'太极'并不是宋儒说的太极图"②，太极图是什么？太极图是宋朝大儒朱熹画的一张神奇的图，这个图的中心是一个圆圈，里面写着"太极"两个字，圆圈外的四边写着东、南、西、北，再有八卦的八个卦爻图围着这个圆圈，然后沿逆时针方向写一、二、三、四，顺时针方向写五、六、七、八。但是《周易·系辞》里说的这个太极不是这张神奇的图，而是一种客观存在。太极就是灿烂夜空上繁星都围着慢慢旋转的那个点，在这个点上有一颗星星在闪亮，那就是北极星。这颗星星所在的位置在古代就被称为太极。现代天文学把北方的这个点叫作北天极。《易经》和太极有什么关系？接着往下读。

第二句"是生两仪"。这里的两仪指的是天和地，《康熙字典》中这样写道："两仪，天地也。又三仪，天地人也。"天地和太极有什么关系呢？这还是和观察星星有关。据说德国哲学家黑格尔这么说过：一个民族有一些关注天空的人，他们才有希望。看星星是为什么？为挣钱？为做官？都不是，观察星星唯一的目的就是满足心中的好奇。中国古代就有一些这样满怀好奇的人，他们晚上会站在漆黑的夜空下观察星星。经

---

① 冯友兰.2010.中国哲学简史.涂又光译.北京：北京大学出版社：144.
② 胡适.2015.中国哲学史.北京：新世界出版社：57.

过长期的观察，他们发现了一个现象，即满天的星辰会围着北极星旋转，旋转的结果是什么呢？结果就是白天和黑夜的变化。所以古人通过观察发现，天地之间白天黑夜的变换和太极息息相关，于是有了"易有太极，是生两仪"。不过这还只是开始。

从太极开始，在又发现两仪以后，古人开始思考和总结，怎么思考和总结的呢？就是后面一句"两仪生四象"。四象是什么野兽？怎么会从两仪生出来呢？还是通过观察、通过看星星。古人发现旋转的星空在带来阴阳、昼夜等两仪变化的同时，还带来了另外一些事情，那就是东、南、西、北四个方向，以及春、夏、秋、冬四个季节，又被赋予了青龙、白虎、朱雀、玄武四只神兽。现在说起来，东、南、西、北四个方向和春、夏、秋、冬四个季节谁不知道啊？不过这些概念是人类生下来就知道的吗？肯定不是。那人类是怎么知道这些概念的呢？是老天爷哪天写了一张小纸条，偷偷塞进哪个算命先生的口袋里的吗？不是，这些概念同样是被一些心怀好奇的人通过观察和思考得到的。在古代还缺乏足够科学知识的情况下，认识天地和昼夜比较容易，认识东、南、西、北和春、夏、秋、冬则需要通过长时期的观察和思考，否则是不会知道的。所以四象是古人通过长期的观察、思考，最后总结出来的。可为什么又把这些发现说成青龙、白虎、朱雀、玄武四只神兽呢？这就与古代的原始文明有关了。和原始文明有什么关系？人类学的鼻祖、英国著名的人类学家泰勒认为，当人们试图理解日常生活中无法用经验来解释的情况或事件时，早期的人类文明就给这些情况或者事件赋予灵魂[1]。这就是泰勒提出的著名的"万物有灵论"。所以当古人没法用经验来解释东、南、西、北和春、夏、秋、冬的时候，这些概念就被古人赋予了有灵魂的四种神兽了，于是就有了青龙为东为夏、白虎为西为冬、朱雀为南为春、玄武为北为秋。用现代天文学来解释，青龙就是夏天可以看见的天蝎座，白虎就是冬天可以看见的猎户座，朱雀就是春天可以看见的长蛇座和罗盘座一带的天区，玄武就是秋天可以看见的宝瓶座一带的天区。这就是"两仪生四象"的来历。

---

[1] 爱德华·泰勒.1992.原始文化.连树声译.上海：上海文艺出版社：414.

那后一句"四象生八卦"的意思是说,八卦是从这四只神兽里创造出来的吗?还没有这么简单,接着读《周易·系辞下》:"古者包牺氏之王天下也,仰则观象于天,俯则观法于地,观鸟兽之文,与地之宜,近取诸身,远取诸物,于是始作八卦。"①意思是,八卦产生于伏羲为王的时代。"仰则观象于天",就是前面说的,仰望星空看星星,伏羲发现了太极、两仪和四象。然后又"俯则观法于地",伏羲看了星星又把眼睛从天空转向大地,"观鸟兽之文,与地之宜,近取诸身,远取诸物"。伏羲观察天上、地下,宇宙、自然界里所有可以观察到的事物,包括动植物、远处和近处的一切事物,"于是始作八卦"。经过上述一系列仰望星空、俯瞰大地的观察、思考、总结、演绎以后,八卦闪亮登场了。

这就是儒家学者对八卦、《易经》发现和演绎的过程所做的论证,非常经典。从这些解读中我们可以看出,儒家学者的思维和古希腊泰勒斯、亚里士多德等先哲思考问题的方式是一样的,都是出于对宇宙万物的好奇,然后理性地去观察和思考,最后总结并演绎出自己的思想。

可是,儒家对《易经》宇宙论、形而上学和伦理学的诠释,为什么还是没能让《易经》走出迷信的阴霾,走进哲学、走进科学,而古希腊先哲的思想却成了科学的源泉和基础呢?

要回答这个问题,如果只是站在中国文化的角度,也许永远找不到答案。因为人类文明是由全世界的不同民族共同创造的,如果只是从中国文化的角度看,就如同坐井观天的井底之蛙。所以要认识自己的文化在人类文明中究竟扮演了什么角色,就必须走进更加广阔的时空。怎么才能走进更加广阔的时空,不坐井观天呢?看外国人对《易经》的评价是个好办法。

---

① 朱熹 . 2008. 周易本义 . 北京:中华书局:246.

## 三、外国人读《易经》

外国人也研究《易经》吗？还真不是光咱们中国的王弼、朱熹、胡适、冯友兰研究《易经》，外国人也研究，而且外国人研究《易经》和咱们不一样，因为他们属于"第三只眼"。我们中国人是身在庐山，往往自己看不清自己，而他们是站在庐山外面，用"第三只眼"在看。都有谁用第三只眼看了《易经》呢？德国哲学家黑格尔看了。黑格尔的著作《哲学史讲演录》里有一章《东方哲学》，其中《中国哲学》里有一节《易经哲学》，在这一节中，黑格尔对《易经》中的八卦做了很详细的分析，他的分析和冯友兰的很相似，但又不完全一样。

对于用阴阳二爻组成的八卦图像，黑格尔这样写道：

那些图形的意义是极抽象的范畴，是最纯粹的理智规定。中国人不仅停留在感性的或象征的阶段，我们必须注意——他们也达到了对于纯粹思想的意识……[1]

黑格尔所谓极抽象的范畴、达到了纯粹思想的意识，就是康德所说的脱离事物外在形式的、超出感官世界之外的纯粹理念，与冯友兰先生说的"儒家为它做出了宇宙论、形而上学的、伦理学的解释"的意思也是一样的。不过黑格尔是哲学家，他是从哲学思维的层面上说的，他认为，那个时代的中国人的思维不仅停留在对事物感性的认识上，而且已经升华到了形而上学纯粹思维的高度。这是很高的评价。那么，八卦图是怎么样的纯粹思维呢？黑格尔写道：

那两个基本的形象（即阴阳二爻）是一条直线（⚊，阳）和一条平分作二段的直线（⚋，阴）：第一个形象表示完善，父，男，一元，和毕泰戈拉[2]派表示相同，表示肯定。第二个形象的意义是不完善，母，

---

[1] 黑格尔.1959.哲学史讲演录·第一卷.贺麟，王太庆译.北京：商务印书馆：131.

[2] 即毕达哥拉斯。

女、二元、否定。这些符号被高度尊敬，它们是一切事物的原则。①

　　黑格尔认为，八卦里的阴阳二爻属于中国人的纯粹思想，而且他认为这种思维与古希腊毕达哥拉斯学派的思维是一样的。毕达哥拉斯学派也是用一和由一衍生出的数字来解释宇宙的。关于毕达哥拉斯的哲学后面还会具体探讨。

　　还有一位德国学者夸过《易经》，他就是德国数学家莱布尼茨（图3-3）。康德认为数学是纯粹思想，莱布尼茨认为阴阳二爻就是二进制的数学。二进制是莱布尼茨发明的，"当他经白晋（白晋是17世纪来中国传教的法国传教士、数学家）详细介绍，对八卦有了了解时，他谦虚地表示，他的二进制算不得发明，只不过是伏羲原理的再发现"。②

　　外国学者对《易经》中阴阳二爻所包含的思想是非常赞赏的，这些赞赏不但会让儒家学者感到高兴，也足以让算命先生和风水先生乐好几天的。不过先别高兴得太早，黑格尔在夸了中国人"也达到了对于纯粹思想的意识"以后，接着写道："但并不深入，只停留在最浅薄的思想里面。"③

　　黑格尔是"第三只眼"，他不像一些中国人那样把《易经》视作《周易·系辞上》中所说的"《易》与天地准，故能弥纶天地之道"，是千古不变、万世有效的真理，大家都对《易经》抱着顶礼膜拜的态度。黑格尔不管《易经》是不是能与天地准，能不能弥纶天地之道，他只是客观地在读《易经》，在分析中国人思考问题的方法，所以他看到了《易经》里中国人看不清的东西。他这样写道：

　　再把它们（即阴阳二爻）重叠起来，先是两个一叠，便产生了四个形象——⚌ ⚍ ⚎ ⚏，即太阳、太阴、少阳、少阴。这四个图像的意义是完善的和不完善的物质。④

　　把那些直线再组合起来，三个一叠，便得到八个形象，这些叫作八卦：☰、☱、☲、☳、☴、☵、☶、☷（再将这些直线六个一叠，便成了

---

① 黑格尔.1959.哲学史讲演录.贺麟，王太庆译.北京：商务印书馆：131.
② 许明龙.2007.欧洲十八世纪中国热.北京：外语教学与研究出版社：159.
③④ 黑格尔.1959.哲学史讲演录.贺麟，王太庆译.北京：商务印书馆：131.

图 3-3　从毕达哥拉斯到莱布尼茨

六十四个形象）。我将举出这些卦的解释以表示它们是如何的肤浅。第一个符号包含着太阳与阳本身，乃是天或是弥漫一切的气。第二卦为泽（兑）、第三为火（离）、第四为雷（震）、第五为风（巽）、第六为水（坎）、第七为山（艮）、第八为地（坤）。我们是不会把天、雷、风、山放在平等的地位上的。于是从这些绝对一元和二元的抽象思想中，人们就可为一切事物获得一个有哲学意义的起源……所以他们是从思想开始，然后流入空虚，而哲学也同样沦于空虚……这是从最抽象的范畴一下就过渡到最感性的范畴……在这些概念的罗列里我们找不到经过思想的必然性证明了的原则。[1]

　　黑格尔为什么一开始说八卦达到了对于纯粹思想的意识，然后又说八卦浅薄呢？黑格尔这里批评的是两个层面的事情。他赞扬说达到了对于纯粹思想的意识的八卦，是指用阴阳二爻演绎出来的这些八卦符号。演绎这些符号的基础阴阳二爻，与莱布尼茨的二进制是完全一样的，所以莱布尼茨都说二进制不是他的发明。对于用阴阳二爻演绎出来的八卦，也就是这些符号，黑格尔认为是"达到了对于纯粹思想的意识"，就是康德所说的，脱离事物外在形式的、超出感官世界之外的纯粹理念。不过对于这些符号所包含的概念，即乾为天、坤为地、震为雷、巽为风、坎为水、离为火、艮为山、兑为泽等，黑格尔认为是肤浅的。八卦所包含的这些概念，对于中国人来说是最引以为豪的，怎么被黑格尔认为是肤浅的、沦于空虚的呢？咱们看看西方人是如何做的。黑格尔在评价阴阳二爻的时候，提到一个人毕达哥拉斯，原因就是毕达哥拉斯的哲学里也有和阴阳二爻差不多的一和二。怎么回事呢？在谈毕达哥拉斯玩的一和二之前，咱们先认识一下这位古希腊的先贤。

　　毕达哥拉斯（约公元前580—前500）是古希腊的哲学家、数学家，一种神秘教派的创始人。他和孔子一样，自己没有留下著作，他的哲学都是通过后来人的记录流传下来的。

　　公元3世纪时，古罗马学者拉尔修在他的《名哲言行录》第八卷中介绍了毕达哥拉斯。他告诉大家，毕达哥拉斯是一个珠宝匠的儿子，

---

[1] 黑格尔.1959.哲学史讲演录.贺麟，王太庆译.北京：商务印书馆：133.

据说他的举止最为高贵，他的门徒认为他是自遥远的北方下来的阿波罗……毕达哥拉斯把大部分时间花在了几何学的算术方面；他也在单弦琴上发现了音乐的音程（即五度音程——作者）。即使是医学他也没有忽略。算术家阿波罗多洛告诉我们，他发现了直角三角形斜边的平方等于两直角边的平方和（这就是中国的勾股定理：勾三股四玄五。不过毕达哥拉斯的定理比中国的更数学，更精确——作者）……他第一个宣称，暮星和晨星是同一颗星（就是水星——作者）……他是第一个称天空为宇宙，并认为地球呈球形的人。[①]

另外，拉尔修介绍了毕达哥拉斯创立的一个不许吃豆子的神秘的宗教教派。这个神秘的宗教教派除了不许吃豆子外，教派里所有的人还要严格遵守一系列格言和训诫，"不要用刀搅拌火苗；不要横跨秤杆；不要坐在蒲式耳筐[②]上面；不要吃心脏；不要帮人卸负，而要帮人载负；要总是将铺盖卷起；不要用火把擦拭脏乱的东西……"接着，拉尔修介绍了这些训诫的含义："不要用刀搅拌火苗：不要打搅大人物的激情或膨胀的傲慢；不要横跨秤杆：不要逾越平等和正义的范围；不要坐在蒲式耳筐上面：要同等关照今天和未来……"[③]

关于他最著名的、黑格尔说和八卦一样的哲学，拉尔修是这样写的：

万物的原则是单子或单元；而不确定的"对"或"两"从这种单子中生成，并作为单子（单子是原因）的物质基础起作用；从单子和不确定的"对"产生出数；从数产生出点；从点产生出线；从线产生出平面；从平面产生出立体……光明和黑暗在宇宙中有相等的部分。[④]

毕达哥拉斯描述的"单子"和"对"就是 1 和 2，就是八卦里的阳爻和阴爻，也是康德认为的完全没有掺杂任何经验性东西的数字。所以

---

[①] 第欧根尼·拉尔修.2011.名哲言行录（下）.马永翔，赵玉兰，祝和军，等译.长春：吉林人民出版社：427.

[②] 蒲式耳筐和中国斗的意思差不多。

[③] 第欧根尼·拉尔修.2011.名哲言行录（下）.马永翔，赵玉兰，祝和军，等译.长春：吉林人民出版社：429.

[④] 第欧根尼·拉尔修.2011.名哲言行录（下）.马永翔，赵玉兰，祝和军，等译.长春：吉林人民出版社：431.

是黑格尔说八卦"和毕达哥拉斯学派表示相同，表示肯定"，而"光明和黑暗在宇宙中有相等的部分"类似中国的阴阳。

毕达哥拉斯认为从单子（也就是1，类似八卦的阳爻）出发，得到的是对（也就是2，类似八卦的阴爻），从对产生数，从数产生点，从点产生线，从线产生面，然后从面产生立体。这一连串变化和八卦就不同了，不但符合客观经验，而且都是完全没有掺杂任何经验性东西的，这一连串变化其实就是数学思维，几何学就是这么产生的。另外，毕达哥拉斯的哲学里也有一串和八卦类似的排列，他们叫作"十个本原"。"十个本原"是什么呢？比毕达哥拉斯晚大约300年，和孟子差不多时代的亚里士多德，是这样描述毕达哥拉斯学派的这些思考的：

这个学派中的另一些人说有十个本原，把它们排成平行的两列：有限和无限，奇和偶，一和多，左和右，阳和阴，静和动，直和曲，明和暗，善和恶，正方和长方。[①]

很显然，这奇和偶、一和多、左和右、阳和阴、静和动等"十个本原"，也都属于脱离事物外在形式、超出感官世界之外的纯粹的理念。另外，这些概念不是信手拈来的，而是从自然界、从客观的感官事物中经过哲学的思考梳理出来的，是一些成对的又具有互为对立、互为补充性质的概念。所以毕达哥拉斯的哲学，从基本的单子到不确定的对，然后从点到线到面到立体的一连串变化，再从这个基本的概念演绎出来的十个本原，全部都是康德说的脱离事物外在形式的、超出感官世界之外的纯粹的理念。毕达哥拉斯创造的这些纯粹理念，并不是毫无客观基础的，而是他通过客观的观察，经过思辨演绎出来的纯粹理念的哲学思考，是"经过思想的必然性证明了的原则"[②]。所以，毕达哥拉斯的哲学是实在的，一点都没有沦于空虚，更不是浅薄的，而是一套完整的哲学体系。

现在我们再回过头去看八卦。被黑格尔称赞的阴阳二爻，以及毕达哥拉斯的单子和对一样是纯粹的哲学概念。而八卦衍生出来的乾为天、坤为地、震为雷、巽为风、坎为水、离为火、艮为山、兑为泽等，却

---

① 北京大学哲学系外国哲学史教研室.1981.西方哲学原著选读（上卷）.北京：商务印书馆: 19.
② 黑格尔.1959.哲学史讲演录.贺麟、王太庆译.北京：商务印书馆: 135.

从阴爻二爻的纯粹理念回到了感官世界。而且从八卦衍生出的天、地、雷、风、水、火、山都不是哲学概念，只是一些现象或者表象。比如，坎为水的水和兑为泽的泽本质上都是水，本质上毫无区别，只是表象不同。坤为地的地和艮为山的山，也是没有本质区别的两个表象。所以这些表象的罗列让黑格尔感到一头雾水，于是他说："在这些概念的罗列里我们找不到经过思想的必然性证明了的原则。"

再来看看黑格尔为什么说"但并不深入，只停留在最浅薄的思想里面""所以他们是从思想开始，然后流入空虚，而哲学也同样沦于空虚"，又如何"从最抽象的范畴一下就过渡到最感性的范畴"。我们已经知道，八卦开始是通过客观的观察，"古者包牺氏之王天下也，仰则观象于天，俯则观法于地，观鸟兽之文，与地之宜，近取诸身，远取诸物，于是始作八卦"。所以由阴阳二爻演绎出的八卦，是古人（不一定就是伏羲或者周文王）从客观观察中得来一种抽象的、哲学家所说的纯粹思维，一点都不浅薄。对此黑格尔给予了很高的评价。可是八卦包含的概念却脱离了哲学范畴，如黑格尔所说"从最抽象的范畴一下就过渡到最感性的范畴"。意思是八卦变成《易经》，变成卦辞、爻辞以后再讨论的问题，就彻底和纯粹思维说再见了，怎么讲呢？比如，乾卦是用六个属于纯粹思维的阳爻组合起来的，这个符号是"最抽象的范畴"。然后《易经·经》（上）乾卦："乾：元、亨、利、贞。初九，潜龙，勿用。九二，见龙在田，利见大人。九三，君子终日乾乾，夕惕若厉，无咎。九四，或跃在渊，无咎。九五，龙飞在天，利见大人。上九，亢龙，有悔。用九，见群龙无首，吉。"这些爻辞、卦辞瞬间脱离了"最抽象的范畴"。这些爻辞、卦辞完全不需要哲学的思考，因此这些只能给算命先生用的东西，在哲学家看来肯定就是最浅薄的思想。于是以理性思考为己任的哲学家黑格尔很伤心，"在这些概念的罗列里我们找不到经过思想的必然性证明了的原则"。所以他认为，《易经》就和讲求逻辑、讲求理性的哲学没有什么关系了。

还有一位外国学者也非常认真地研读了《易经》，他就是《中国科学技术史》的作者、英国学者李约瑟先生。李约瑟不仅研究《易经》，他还用了大半生的时间研究中国古代的科学技术。因为李约瑟也是用

"第三只眼"在读中国,所以他心里没有中国人的习惯——对古人的膜拜态度,他是客观地去读中国古代科学的。他把中国像四大发明这样的技术发明称为经验的、中古和原始型的理论,认为中国中古型的科学哲学中有三大组成部分,即五行、阴阳和《易经》。前两种组成部分,李约瑟认为对古代的中国科学技术起到过一些有益的作用。但是谈到《易经》,他这么写道:

但是,关于中国的科学哲学的第三大组成部分,即《易经》的思想体系,就不可能做出这样的好评了。《易经》的起源大概是收集了许多农民预兆的词句,并积累了用于进行占卜的大量材料,最后它成了一套精致的(不无一定的内在一贯性和美感的力量的)象征及其解释系统,而在任何其他文明的典籍中都找不到相近的对应物。这些象征被设想为某种方式反映着大自然的一切过程,因此它不断地诱使中国中古时代的科学家依赖于对自然现象虚假解释,并且只是把自然现象归因于被设想为与之"有关"的那个象征便得出这样的解释。经过若干世纪,由于每个象征已变得有了一种抽象的含义,所以这样的归因就自然有了诱惑力,并且省去了进一步思考的一切必要性。在某种程度上,它类似于中世纪欧洲占星学上的各种虚伪解说,但是象征主义的抽象性赋予它一种骗人的深奥性。[1]

读了《易经》确实会给人一种似乎已经了解了宇宙、了解了自然的假象。读过一点《易经》的人,都说自己是易学大师。殊不知易学大师从《易经》了解的宇宙和自然,并不是真实的、客观的宇宙和自然。八卦的乾、兑、离、震、巽、坎、艮、坤是宇宙和自然运行的规律吗?不是。读《易经》得到的是周文王假定的世界,就像古希腊第一个科学家泰勒斯假定万物都源于水一样。泰勒斯的这个假设可以成为科学的起点,是因为西方人沿着泰勒斯所指的方向向前走了,而不是围着万物都源于水这个假设转个没完,于是1000多年以后科学在西方被创造出来。周文王的假设却当作"与天地准,故能弥纶天地之道",被大家膜拜了2000多年,他的假设不但没有成为科学进步的起点,反而成了禁锢人的

---

[1] 李约瑟.1999.中国科学技术史·第二卷.北京:科学出版社:330.

思想、阻碍科学进步的绊脚石。

李约瑟先生在评论《易经》对中国人产生的这些虚假的影响时，还引用了英国著名汉学家理雅各的一段话，他说：

《易经》这一本质上是中古时代的体系，其强大的威力一直到现代仍然继续影响着中国的人心，这是尽人皆知的事。凡是在中国居住过的人，都知道年老的学者对《易经》的深切眷恋。理雅各写如下一段话时，一定是出自他的切身经验之谈："凡是对西方科学已经有某些知识的中国学者士绅都爱说，欧洲物理学的电、光、热以及其他学科的全部真理都已包含在八卦之中了。可是当问到为什么他们和他们的同胞对这些真理一直是而且仍然是一无所知时，他们就说，他们必须先从西方书籍里学到这些，然后再查对《易经》，这时他们发现在二千多年以前孔子就已经懂得这些了。这样表现出来的虚荣和傲慢是幼稚的。而且中国人如不抛掉他们对《易经》的幻觉，即如果认为它包含有一切哲学所曾梦想到过的一些事物的话，《易经》对他们就将是一块绊脚石，使他们不能踏上真正的科学途径。"①

这样看来，从观察、理性开始的八卦和《易经》，无论是算命用，还是作为儒家哲学，都完败于空虚，最终走进了最浅薄的迷信之中。这是为什么呢？

## 四、从科学走向虚无

被黑格尔称赞达到了对于纯粹思想的意识的八卦，2000多年以后没有走进科学，反而成为走上科学之路的绊脚石。除了算命先生、八卦先生，八卦并没有为人类文明带来更有价值的遗产；而毕达哥拉斯关于1和2的哲学却在2000多年的历史中不断更新、发展，走出了无数伟

---

① 李约瑟.1957.中国科学技术史·第二卷·科学思想史.北京：科学出版社：362-363.

大的哲学家、数学家和科学家。这种不同是怎么发生的呢？我们到底错在哪里了呢？是伏羲的错、周文王的错还是儒家学者的错呢？就像泰勒斯和毕达哥拉斯不可能都是正确的一样，错不在我们的老祖宗，不在伏羲，不在周文王，也不在儒家学者，错在传承老祖宗学问的后人。我们的传承出了什么问题呢？问题出在对待古代圣贤、古代学问的态度上。

古代再厉害的圣贤、再棒的学问，都是会受到当时因科学知识的不足而带来的影响和制约的。德国现代哲学家赖欣巴哈在他的《科学哲学的兴起》一书中谈到了古代哲学是如何受到知识结构影响和制约的问题。首先他肯定古人是具有强烈的追求知识、追求做出对事物普遍性解释的欲望的，"人类要想理解物理世界的愿望一直导致了世界是怎么开始的这样一个问题"。而由于受到知识结构的制约，古代做出的往往都是假的解释。对此赖欣巴哈这样写道：

当科学解释由于当时的知识不足以获致正确概括而失败时，想象就替代了它，提出一类朴素类比法的解释来满足要求普遍性的冲动。表面的类比，特别是与人类经验的类比，就与概括混同起来了，就被当作解释了。这样，普遍性的寻求就被假解释所满足了。[1]

西方人很早就注意到了这一点，但是中国人一直不具备这种思考，中国人对古代的态度很多都是顶礼膜拜，所以对待古代圣贤的态度，东西方是完全不一样的。而通过对东西方在传承古代圣贤学问进行比较，我们或许可以得到一些有益的启示。

下面我们就来看看东西方是如何对待先贤思想的。先来看2000多年来咱们是怎么传承《易经》的。中国古代注释和解读《易经》的书非常多，我们可以从历代学者对《易经》的解读中，了解到《易经》是如何从最抽象的范畴、纯粹思想的意识，完败给空虚，最终沦为迷信的。

先从孔子开始看。《史记·孔子世家》里这样写道："孔子晚而喜易，序彖、系、象、说卦、文言。"[2] 太史公这几句话概括了以孔子为代

---

[1] H. 赖欣巴哈. 1983. 科学哲学的兴起. 伯尼译. 北京：商务印书馆：11.
[2] 司马迁. 2014. 史记：第六册. 北京：中华书局：2346.

表的先秦学者，对《易经》所作的关于宇宙论、形而上学体系和伦理学的解释，也就是所谓《易传》的内容。孔子是研究和改造《易经》的第一人。那么孔子是怎么改造《易经》的呢？根据现代学者的研究，流传下来的《易传》里，大多数篇幅都是儒家其他学者的作品，只有《说卦》一篇，出自孔子之手的可能最大，咱们就看看孔子是如何写《说卦》的。《周易·说卦》中这样描写：

昔者圣人之作《易》也，幽赞于神明而生蓍，参天两地而倚数，观变于阴阳而立卦，发挥于刚柔而生爻，和顺于道德而理于义，穷理尽性以至于命。①

这几句话是什么意思呢？孔子说，八卦是过去的圣人作的，"昔者圣人之作《易》也"，从这句话可以看到，孔子时代的中国人就已经习惯对古人顶礼膜拜了，没人会认为古人对事物的解释是假解释。后面的意思是，人们还在用乌龟壳算命的时候，圣人发现蓍草可以拿来算命，于是圣人建立了这种天地之间用奇偶两数算命的方法，这就是八卦，"幽赞于神明而生蓍，参天两地而倚数"。圣人是通过观察阴阳的变化来立卦，以刚柔的不同创造出爻的，"观变于阴阳而立卦，发挥于刚柔而生爻"。孔子认为，圣人玩的这些都是顺应仁义道德的，所以能产生正能量，而穷尽这些正能量是人一生的追求，"和顺于道德而理于义，穷理尽性以至于命"。孔子把算命的八卦和《易经》引申到了他的道德文章，也就是冯友兰说的，为《易经》作了伦理学的解释。不过，八卦由奇数偶数、阴阳、刚柔互生出来的道德，究竟是什么样的道德呢？是说话和气、不打人不骂人、借东西要还、做买卖要公平，还是什么？这些具体的事孔子没有任何解释，连假解释都没有。由于孔子相信《易经》是曾经存在过的无所不能的圣人所作，所以把关于《易经》中奇数偶数等理性的思维，都附会上了"幽赞于神明""参天两地""观变于阴阳""发挥于刚柔"等概念。这些"幽赞于神明""参天两地""观变于阴阳""发挥于刚柔"都是空虚的概念，仍然是假解释，与客观的仁义道德没有任何关系。所以尽管孔子并没有把《易经》直接引入空虚之中，却为后代

---

① 朱熹. 2008. 周易本义. 北京：中华书局：261.

错误的传承留下了走进空虚的可乘之机。但这不是孔子的错，他在当时的知识结构中是不可能对事物做出真正科学的解释的。所以孔子没错，也没问题，但是传承出错、出问题了。咱们接着看后面是如何传承和犯错误的。

孔子以后研究《易经》的人很多，先说两个大家：一个是东汉的郑玄，另一个是三国的王弼。

郑玄（127—200），字康成，是东汉末年、三国初期的大学者，一生致力于注疏儒家经典。他注疏的《周易郑康成注》就是一直流传到今天的《易经》最原始的版本。中国学者对《易经》的态度有一个非常突出的特点，那就是无论哪朝哪代、哪个学者，任何人对《易经》首先是抱着顶礼膜拜的态度，不会对《易经》有一丝一毫的怀疑和批判，更没有人觉得《易经》是假解释。

那郑玄怎么注疏《易经》呢？他用了一种叫作"以互体求易"的理论。《易经》的"经"里是卦辞、爻辞，所谓卦辞、爻辞就是对六十四卦的图像作出各种解释。比如，震卦从上至下是阴爻、阴爻、阳爻、阴爻、阴爻、阳爻六个爻组成的图像（☳）；兑卦是阴爻、阳爻、阳爻、阴爻、阳爻、阳爻六个爻组成的图像（☱）。前面说过，震和兑的这两个图像叫作卦爻。郑玄给卦爻玩了一套把戏，他把六个爻中的二到四爻，和三到五爻分别视为两个卦爻，再把分出来的两个卦爻组合起来，再组成一个卦爻，于是本来只有一个卦爻的六十四卦，被郑玄玩成了有四个卦爻的六十四卦，这种把戏叫作"一卦含四卦"，就是郑玄所谓的"互体"。于是黑格尔说的空虚从郑玄这里便正式开始了。

不过，郑玄脑子里怎么会编造出这些幻觉呢？如果把郑玄放到今天，他玩这套"以互体求易"，闹不好会被送进精神病医院。不过2000年前的情况大不一样，那时候大家对自然和宇宙的认识还十分肤浅，还不可能用科学的方法解释大自然。当郑玄读到孔子"参天两地而倚数，观变于阴阳而立卦，发挥于刚柔而生爻，和顺于道德而理于义"时，他并不知道参天两地、阴阳变换的力量来自哪里，万有引力定律是1000多年以后才发现的。他也不知道刚柔如何生爻，关于物质硬软程度的物理学也是千年以后才出现的。但是他对古代圣贤充满信心，对圣贤的态度是顶礼膜拜。可参天两地、阴阳变换、刚柔生爻与道德又是如何联系，如何和顺于道德、理于义，孔子也没讲清楚。郑玄是个大学者，大学者喜欢思考，没有科学的思考就只能顺着孔子的思路继续做出假解释。于是他就编出一个："八卦相荡，六爻相杂，唯其时物，杂物撰德。"① 郑玄自以为他玩的"互体"是一种创新，殊不知这一创新，八卦被他搞得更玄、更不接地气了。孔子那里硕果仅存的一点点理性，也全被"互体"成了幻觉、成了虚无。

几十年以后，中国历史上著名的三国时代来临，一位大师也来了，他就是王弼（226—249），字辅嗣，一生留下了丰厚的文化遗产，他的《老子注》是两千多年来，直到 1973 年考古学家在马王堆汉墓发现《道德经》以前唯一流传于世的《老子》版本。同时他也是研究《易经》的大家，他解读《易经》的著作《周易略例》也是历史上的名篇。现代学者认为，王弼是"尽扫象数之学，从思辨的哲学高度注释《易经》"②。咱们看看王弼是如何尽扫象数之学、如何思辨的。

原夫两仪未立，神用藏于视听，一气化矣。至赜隐乎名言，于是河龙负图，牺皇画卦，仰观俯察远物近身，八象穷天地之情，六位备柔之体。言大道之妙，有一阴一阳。③

这是《周易略例》序言中的一段话。王弼的确没有像郑玄那样去玩互体、玩八卦的象数，他在分析八卦的产生及与世间万物之间关系的哲学思考。只可惜王弼生在三国时代，对自然和宇宙还没有什么正确的认识，所以他还是认为世间有"河龙负图，牺皇画卦"的事情，无法脱离两仪、六位、大道、阴阳等这些被赖欣巴哈称为对事物普遍性的假解释。于是《易经》继续向虚无的深渊跌落，幻想着能从伏羲创造的八卦里产生出"大道之妙"的"一阴一阳"。

时间很快地流逝，唐朝著名的大儒，孔子的第三十一代孙孔颖达（574—648），给王弼的《周易注》作了疏，所谓疏就是为原注再做一些补遗。孔颖达的疏就是《周易本义》。孔颖达的《周易本义》这里不做

---

① 王应麟 . 2012. 周易郑康成注 . 北京：中华书局：11.
② 百度百科 . https://baike.baidu.com/item/ 王弼 /28866?fr=aladdin.
③ 王弼 . 2011. 周易略例 // 王谟 . 增订汉魏丛书：汉魏遗书钞 . 重庆：西南师范大学出版社：256.

赘述，因为大约 600 年以后又来了另外一本《周易本义》，这本《周易本义》来自南宋大儒朱熹（1130—1200）。这本《周易本义》是朱熹研究《易经》的重要著作，也是中国人尤其是算命先生、风水先生的必读书。为什么这么强调算命先生和风水先生呢？咱们就来看看朱熹是如何研究《易经》的。

在《周易本义》的序言里，朱熹这样写道：

易之为书，卦爻象象之义备，而天地万物之情见，圣人之忧天下来世，其至矣。①

他说卦、爻、彖、象的意义都在《易经》这本书里面，世间的天地万物之情都可以从中发现，圣人对天下来世的忧虑也全都在里面了。这么厉害的《易经》，比狄德罗编的《百科全书》可厉害多了！因为太厉害了，朱熹怕大家看不懂，于是他先教大家怎么用蓍草算命。《周易本义》开篇第一章中这样写道：

筮仪：择地洁处为蓍室，南户，置床于室中央，"床大约长五尺，广三尺，毋太近壁"蓍五十茎，韬以纁帛，贮以皂囊，纳之柜中，置于床北。"椟以竹筒或坚木或布漆为之，圆径三寸，且其长如蓍草之长度，半为底半为盖，下别为台函之，使不偃仆"。②

朱熹把筮仪，也就是算命的方法写得非常清楚、仔细，如算命的屋子，里面放的床，算命的蓍草多少根，怎么预处理，收藏在哪里等（图3-4）。除了算命的方法，他还特意画了很多插图，如河图、洛书、伏羲八卦次序图、文王八卦次序图、变卦图等，其中就包括前面胡适先生说的太极图。这些插图都成为算命先生、风水先生的寻宝图。这些神奇的图画，我们现在可以在 2008 年出版的《宋刊周易本义》中看到。通过这些图我们可以知道，还没有足够科学知识的朱熹，把八卦和《易经》玩到了虚无的极致。这些插图不知黑格尔看见过没有，如果看见他会如何评价呢？

---

① 朱熹.2009.周易本义.北京：中华书局：1.
② 朱熹.2009.周易本义.北京：中华书局：3.

图 3-4 朱熹八卦方位

从孔子、郑玄、王弼到朱熹，时间过去了1700年。从这些大学者对《易经》的研究中，我们看到什么了呢？看到了孔夫子的"穷理尽性以至于命"；看到了郑玄的"八卦相荡，六爻相杂"；看到了王弼的"言大道之妙，有一阴一阳"；看到了朱熹的"天地万物之情见，圣人之忧天下来世，其至矣"，当然还看到了朱熹画的玄妙的插图。从这些学者的研究中我们可以非常清楚地看到，所谓"穷理尽性""八卦相荡""大道之妙""圣人之忧天下来世，其至矣"。从这些不知所云又看似包罗万象的语言中我们可以看出，中国的学者完全没有从伏羲、神农、黄帝、周文王由于知识的不足而对事物普遍性作出的假解释里走出来半步。几千年来学者用这些既没有思想又不接地气的语言解释的《易经》，就像李约瑟说的，"不断地诱使中国中古时代的科学家依赖于对自然现象虚假解释"，这样的《易经》不走进虚无还能走到哪里去呢？于是如黑格尔所说，从思想开始的、纯粹思维的，来自理性、科学和数学思维的八卦和《易经》在1700年的传承中，没有继续在理性、纯粹思维、科学和数学的路上走下去，没有变成现代的科学和数学，而是与科学、数学渐行渐远，最终沦于空虚，落入迷信的深渊之中。所以《易经》落入空虚和迷信的深渊不是伏羲、神农、黄帝和周文王的错，而是传承出了问题。

那外国人的传承有什么不同呢？

黑格尔在聊八卦的阴阳二爻时说："第一个形象表示完善，父，男，一元，和毕泰戈拉派表示的相同，表示肯定。"这里黑格尔提到了毕达哥拉斯，毕达哥拉斯和孔子是同一时代的人。我们去看看毕达哥拉斯的数学理论和他的形而上学的哲学，以及西方形而上学的哲学流传后世的传承关系，也许可以拿来检讨一下我们自己在传承上的问题。

毕达哥拉斯学派的这些思维是怎么来的呢？也和八卦一样是伏羲"仰则观象于天，俯则观法于地"得到的吗？

与中国古代的算命从用甲骨变成用蓍草有点儿相似，毕达哥拉斯的哲学也是在继承前辈思想的基础上创新变化而来的。在毕达哥拉斯之前，以泰勒斯和他的学生阿那克西曼德、阿那克西美尼为代表的米利都学派，已经开创了古希腊最早的哲学体系。他们的哲学体系属于实在论的哲学，实在论就是所有的理论都来自经验和对事物的感性认识。比如，泰勒斯的"万物源于水"，阿那克西曼德的"宇宙是无限的"，阿那克西美尼的"一切都产生于空气"。这些显然都是假解释。而毕达哥拉斯的哲学却从经验和感性的因素中创新提升出来，丢掉了经验和感性的因素。他认为万物的本原不是经验和感性的事物而是数。对于毕达哥拉斯大胆的创新，黑格尔这样评价道：

在这里，我们首先觉得这样一些话说得大胆得惊人，它把一般观念认为存在或者真实的一切，都一下打倒了，把感性的实体取消了，把它造成了思想的实体。本质被描述成非感性的东西，于是一种与感性、与旧观念完全不同的东西被提升和说成本体和真实的存在。①

从米利都学派到毕达哥拉斯的这种改变和中国从甲骨到蓍草的改变表面上看都是改变，却有着本质的不同。从甲骨到蓍草是龟骨变成了蓍草，形式上变了，然而这种变化仍然没有脱离经验和感性的因素，其思维的本质也就是算命还没有变。而毕达哥拉斯从米利都学派的经验和感性的实在论哲学，变成了康德说的脱离事物外在形式的、超出感官世界之外的纯粹理念的数字，其思维发生了变化。于是毕达哥拉斯的哲学就从泰勒斯感性的实在论哲学中脱胎出来，玩出了人类历史上第一个形而上学的哲学体系。

那这么厉害的哲学外国人是怎么传承的呢？也像中国人那样，把毕达哥拉斯的哲学说成是和《易经》一样，"《易》与天地准，故能弥纶天地之道"的哲学吗？对于毕达哥拉斯建立的与数字 1 和 2 相关的哲学，黑格尔是这么说的：

这是对思辨哲学观念在其自身中、在概念中作一个进一步的发展的尝试。但是这个尝试似乎只是止于这种（一）混杂的解答、（二）简单的举例，而没有进一步。首先只要对普遍的思想范畴作了一番搜集的工作（像亚里士多德所做的那样），这是很重要的。这是对于对立的详细规定的一个粗率的开始，没有秩序，没有深义，和印度人对原则和实体

---

① 黑格尔.1959.哲学史讲演录·第一卷.贺麟，王太庆译.北京：商务印书馆：241.

所作的列举近似。①

黑格尔认为毕达哥拉斯学派的哲学是"一个粗率的开始，没有秩序，没有深义"，这个评价和他对《易经》的评价一样，都是以理性的态度批判。因为黑格尔不是在玩对古代圣贤的顶礼膜拜，而是遵循与时俱进的思想，研究古代哲学里有价值的思想及其缺点。

而没有受到顶礼膜拜的毕达哥拉斯学派哲学粗率的开始，却变成了"热情的动人的沉思"②，并引起后来一代一代哲学家的进一步思考。他这个粗率的开始就像一根接力棒，在后来的历史长河里，被许多"粉丝"接过去，并产生出一个个全新的、更加精雕细琢的、更加著名的、最终成为影响和推动人类文明进步与发展的思想家、哲学家、科学家。

从毕达哥拉斯"热情的动人的沉思"中走出来的思想家、哲学家和科学家都有谁呢？

毕达哥拉斯是从米利都学派的哲学中提升并开创了形而上学哲学的哲学家，在他以后首先走出来的是恩培多克勒，据说他是毕达哥拉斯的学生。恩培多克勒从毕达哥拉斯的哲学向前走了，他推演出一个新的理论，"他的学说是这样的：有四种元素——火、水、土、气……"③这个学问和中国的五行有点儿像，不过不一样，"恩培多克勒的'四根说'：土生长着欲望，水流动着智慧，气飘溢着美感，火燃烧着信仰"④。恩培多克勒不仅玩出"四根说"，他还是许多科学知识的发现者，比如，他发现空气是一种独立的实体，发现了离心力，他知道植物也有性别，他还有一种生物演化及适者生存的理论。在天文学方面，他发现月亮是因为反射而发光的。在神秘理论上，据说他会魔术、会控制风，还曾让一个死了三十多天的女人复活。据说他是跳进埃特纳火山口而死的，他这么做是想证明他是个神。另外，"亚里士多德在其《智者篇》（*Sophist*）中称恩培多克勒是修辞学的创立者，正如称芝诺是辩证法的创立者一

---

① 黑格尔.1959.哲学史讲演录·第一卷.贺麟，王太庆译.北京：商务印书馆：251.
② 罗素.1963.西方哲学史.上卷.何兆武，李约瑟译.北京：商务印书馆：41.
③ 第欧根尼·拉尔修.2011.名哲言行录（下）.马永翔，赵玉兰，祝和军，等译.长春：吉林人民出版社：453.
④ 弗朗西斯·麦克唐纳·康福德.2014.从宗教到哲学：西方思想起源研究.曾琼，王涛译.上海：上海三联出版社：1.

样"①。他怎么又成了修辞学的创立者了呢？因为他是一位诗人，"他的诗作《论自然》和《净化》长达 5000 行，《医学谈话录》（*Discourse of Medicine*）长 600 行"②。所以，罗素这样评价恩培多克勒：

> 哲学家、预言家、科学家和江湖术士的混合体，在恩培多克勒的身上得到了异常完备的表现，虽说这在毕达哥拉斯的身上我们已经发现过了。③

在恩培多克勒以后几十年，古希腊又出现了两位巨匠，他们就是柏拉图和亚里士多德。柏拉图和亚里士多德也不是像中国儒家学者那样，只是对先贤、对毕达哥拉斯、对自己老师的哲学做出解释、注疏。他们是在毕达哥拉斯哲学提供的"对普遍的思想范畴作了一番搜集的工作"的基础上，用毕达哥拉斯带给他们的"热情的动人的沉思"，再用他们自己的独立思考创造出了全新的哲学。柏拉图创造的是由"理念世界"和"现象世界"组成的世界。在柏拉图的世界里，理念是真实存在的，是永恒不变的。就像爱情，如柏拉图式的精神爱情，可能缺少肌肤之亲，却是永恒的。这些哲学思考使柏拉图成为客观唯心主义哲学的创始人；亚里士多德则创造出好奇、求知、客观观察的哲学："求知是人类的本性。我们乐于使用我们的感觉就是一个说明；即使并无实用，人们总爱好感觉，而诸感觉中，尤重视觉。"④亚里士多德建立起一种以观察为基础的、形而上学的科学体系，他求知、好奇和观察的哲学成为现代科学的基石。

亚里士多德是柏拉图的学生，他很尊重自己的老师，可是他说："吾爱吾师，吾更爱真理。"这说明什么呢？说明亚里士多德认为探索真理是一个永不停歇的、与时俱进的过程。关于后来的学者如何继承亚里士多德的思想，罗素是这样说的：

> 自起十七世纪的初叶以来，几乎每种认真的知识进步都必定是从攻

---

① 第欧根尼·拉尔修.2011.名哲言行录（下）.马永翔，赵玉兰，祝和军，等译.长春：吉林人民出版社：446.
② 第欧根尼·拉尔修.2011.名哲言行录（下）.马永翔，赵玉兰，祝和军，等译.长春：吉林人民出版社：454.
③ 罗素.1963.西方哲学史·上卷.何兆武，李约瑟译.北京：商务印书馆：66.
④ 亚里士多德.1959.形而上学.吴寿彭译.北京：商务印书馆：1.

击某种亚里士多德的学说而开始的。①

西方人继承前辈的思想不是顶礼膜拜，而是攻击。不过虽然每一次知识的进步都是从攻击亚里士多德得到的，但是每一次进步也都是后来的科学家站在亚里士多德的肩膀上得到的。柏拉图和亚里士多德是古代的两位知识巨人，他们的假解释没有被人膜拜，但是他们的思考和精神却被欧洲后来所有哲学家、科学家甚至神学家传承了下来，后来的哲学家、科学家、神学家站在柏拉图、亚里士多德两位巨人的肩膀上继续前进了。在毕达哥拉斯"热情的动人的沉思"和柏拉图、亚里士多德思考和精神的引领下，在后来2000多年的人类历史上，欧洲又走出了奥古斯丁、托马斯·阿奎那、笛卡儿、斯宾诺莎、康德、黑格尔等哲学家，还有哥白尼、伽利略、开普勒、莱布尼茨、牛顿等科学家。

除了哲学和科学，毕达哥拉斯的数学也成为"热情的动人的沉思"。欧几里得的《几何原理》就是他接过毕达哥拉斯从点到体积的数学思考以后创造出来的几何学。几何学也没有停在欧几里得那里，1世纪，门纳劳斯发现了球面几何，并被托勒密用在天文学上。此后欧洲的数学不断进步，从欧几里得几何到非欧几何，从平面几何到球面几何、解析几何、微分、积分，再到牛顿的《自然哲学的数学原理》。人类文明也跟着毕达哥拉斯、柏拉图、亚里士多德"热情的动人的沉思"，不断地向前走，一直到今天。所以黑格尔说："毕达哥拉斯哲学的力量正是在于进一步的发展——它并不能老是保持它原来的状况。"②

另外很有趣的是，毕达哥拉斯的哲学和《易经》一样，一部分属于哲学、数学和科学；一部分属于神秘主义、迷信，后来属于神学。但是他的神秘主义、迷信和神学没有成为走进现代的绊脚石。罗素在《西方哲学史（上卷）》中这样写道：

数学与神学的结合开始于毕达哥拉斯，它代表了希腊的、中世纪的以及直迄康德为止的近代的宗教哲学的特征。毕达哥拉斯以前的奥尔弗

---

① 罗素.1963.西方哲学史.上卷.何兆武，李约瑟译.北京：商务印书馆：203.
② 黑格尔.1959.哲学史讲演录·第一卷.贺麟，王太庆译.北京：商务印书馆：240.

斯教义①类似于亚洲的神秘教。但是在柏拉图、奥古斯丁、托马斯·阿奎那、笛卡儿、斯宾诺莎和康德的身上都有着一种宗教与推理的密切交织，一种道德的追求②与对于不具时间性的事物之逻辑③的崇拜的密切交织；这是从毕达哥拉斯而来的，并使得欧洲的理智化了的神学与亚洲的更为直截了当的神秘主义区别开来。④

意思是，毕达哥拉斯是第一个把宗教和数学结合起来的人。这种结合使得后来的欧洲历史上出现了很多把形而下的道德追求（如《易经》的"初九，潜龙，勿用"）与形而上的理性思考（如纯粹的数学）相结合的神学家和哲学家，正是他们使欧洲的宗教逐渐从单纯来自迷信的神学走向理智化的神学。

今天神学还在欧洲传播，但是"理智化的神学"，使迷信和理智分得越来越清楚。欧洲的科学家，包括诺贝尔奖得主，几乎没有一个不是基督教徒，他们敬畏上帝，但是他们更敬畏人类的智慧和理智。20 世纪 60 年代，美国阿波罗 8 号飞船第一次执行绕月飞行的任务。当飞船第一次飞跃了人类乃至地球上任何生物都从未见过的月球背面，然后再次回到能看到地球的视角时，宇航员们从阿波罗 8 号给地球发来一段电报，电文是《圣经·创世纪》的前几段："In the beginning God created the heaven and the earth…"（最初，上帝创造了天和地……）以纪念这 45 亿年来前无古人的时刻。所以今天欧洲基督教的上帝，他是不是花了 7 天时间创造世界的那个神仙，已经不那么重要了，上帝最主要的任务是帮助人们走向文明。

从前面的比较中我们可以看到什么、得到什么启示呢？先看西方，西方人从古代开始，似乎就有一种发展的思考。像恩培多克勒，他虽然是毕达哥拉斯的学生，不过他没有停在老师那里，他继续前进了，成了一个比毕达哥拉斯更厉害的"哲学家、预言家、科学家和江湖术士的混合体"。几十年以后柏拉图来了，柏拉图也没有停，他提出了理念是真实的存在的哲学观念，从而成为客观唯心主义的开创者。而亚里士多德

---

① 古希腊的一种原始宗教。
② 即形而下的。
③ 即形而上的。
④ 罗素 . 1963. 西方哲学史 · 上卷 . 何兆武，李约瑟译 . 北京：商务印书馆：46.

作为柏拉图的学生,他的贡献更大,他好奇、求知和观察的思维让科学逐渐变成人类文化中不可缺少的重要成分。更有趣的是,后来的科学,"自起十七世纪的初叶以来,几乎每种认真的知识进步都必定是从攻击某种亚里士多德的学说而开始的"。[1] 几千年来,西方人站在前辈思维和精神的肩膀上不断往前走。西方的思想、哲学一直在变,在进步、在发展,于是今天的科学就从这些进步和发展中产生了。

回过头再看八卦,根据黑格尔的评价,八卦在一开始和毕达哥拉斯的思维是一样的,所以八卦和毕达哥拉斯是从同一条起跑线上开始的。但是自从孔子作了《易传》,《易经》就成了"《易》与天地准,故能弥纶天地之道"。而孔子虽然有3000个弟子,其中有72个贤人,可这3000人在中国历史上几乎没有留下什么痕迹,更没有一个人敢于对老师提出质疑。于是几百年以后《易经》到汉朝郑康成的手中,他玩出一套"八卦相荡,六爻相杂"[2] 的所谓"以互体求易"的理论,后来《易经》再经过王弼、孔颖达、朱熹的解释。从孔子开始,到郑玄,到王弼再到朱熹,他们对《易经》的解释是孔子的"穷理尽性以至于命"、郑玄的"八卦相荡,六爻相杂"、王弼的"言大道之妙,有一阴一阳"(图3-5),还有朱熹的"天地万物之情见,圣人之忧天下来世,其至矣"。没有人怀疑《易经》对世界的解释,可这些奇怪的语言是什么哲学呢?似乎不是什么哲学,而是像李约瑟先生说的,让人省去了进一步思考的、对自然现象虚假的解释。于是《易经》就这样"从思想开始,然后流入空虚,而哲学也同样沦于空虚",一步步走进玄妙的境地、迷信的深渊。

更让人感到悲哀的是,当科学传进中国后,大家发现科学方法很好用,于是有人就说,关于这些我们的古人早就知道。现代学者南怀瑾有一本《易经杂说》,在书里他这么写道:

《易经》的法则,随便用在哪里都通的,以现在的科学来看,《易经》的法则,用化学上亦通,用在物理上亦通……[3]

---

[1] 罗素. 1963. 西方哲学史·上卷. 何兆武,李约瑟译. 北京:商务印书馆:203.
[2] 王应麟. 2012. 周易郑康成注. 北京:中华书局:11.
[3] 南怀瑾. 易经杂说.

图 3-5　大道之妙，一阴一阳

人类历史上那些伟大的科学家，如哥白尼、伽利略、开普勒、牛顿、威廉·赫歇尔，还有富兰克林、法拉第、达尔文、瓦特、爱因斯坦，他们用自己的智慧，用自己的毕生心血，甚至用自己的生命换来的、创造出来的科学成就，能被南怀瑾一个"亦通"的《易经》法则代替吗？

这种思维就是理雅各提醒我们的：

这样表现出来的虚荣和傲慢是幼稚的。而且中国人如不抛掉他们对于《易经》的幻觉，即如果认为它包含有一切哲学所曾梦想到过的一些事物的话，《易经》对他们就将是一块绊脚石，使他们不能踏上真正的科学途径。①

不过有个问题来了，无论是西方的毕达哥拉斯、恩培多克勒、柏拉图还是亚里士多德，他们对自然、对宇宙普遍性的解释和《易经》一样都是赖欣巴哈说的假解释，可他们的假解释怎么就从迷信、假解释变成了科学，而《易经》的假解释却走不出迷信呢？关于这个问题，赖欣巴哈认为假解释可以分为两种：

可以分别为无害错误形式和有害错误形式。前一种常出现在有经验论思想的哲学家中，比较容易在以后的经验的启发下得到纠正和改善。后一种常包含在类比和假解释内，所导致的是空洞的空话和危险的独断论。②

这样看来，从"万物源于水"的泰勒斯而来的毕达哥拉斯，以及后来的欧洲哲学家属于前一种，而被黑格尔认为沦于空虚的《易经》恰恰是后一种。后一种走出迷信就很难了。

经过分析和比较，我们也知道了开始的思想是如何逐渐沦于空虚，科学是如何败给迷信的。西方人不是从希腊圣贤的假解释中，而是从希腊精神中创造出了现代科学、现代文明。西方古代也有很多非常厉害的圣贤、哲学家，也有很多类似八卦、《易经》的经典，但是现代科学和现代文明不是从膜拜古代圣贤和经典中产生的，而是在对古代圣贤和经

---

① 李约瑟．1957．中国科学技术史．第二卷·科学思想史．北京：科学出版社：362-363．
② H. 赖欣巴哈．1983．科学哲学的兴起．伯尼译．北京：商务印书馆：13．

典的批判与质疑中产生的。那么中国要成为科学上的巨人，我们要继承的也是古代的精神、伏羲的精神、八卦的精神，而不是他们的假解释。另外，还必须具备敢于质疑自身传统的勇气，用质疑和批判态度，用整个人类文明的眼光，才可能从圣贤、八卦、《易经》里寻找到什么是国粹，什么是能让我们不断进步的力量，什么是阻碍我们进步的元素。这肯定不是一件那么令人愉悦的事情，但是有必要这样做。

# 第四章　医生来了

中医理论起源于古老的中国，在几千年的历史长河中出现过很多著名的医生，如华佗、扁鹊、张仲景、孙思邈等。中医经历时间长、经验丰富，不过讲究阴阳五行的中医理论一直没有变。西方也有和中医类似的传统医学，经验也十分丰富，也有很多著名的医生。不过，古希腊传统医学理论没有停留在古代，随着科学的进步，古希腊传统医学理论变成了现在被我们称为西医的现代医学科学。1948年，联合国在产生于公元前6世纪古希腊"希波克拉底誓言"的基础上，制定了《日内瓦宣言》，成为直到今天医生护士必须遵守的道德规范。

## 一、味尝草木作方书

在西方，人们从来没有像今天这样如此健康、长寿，医学的成就也从来没有像今天这样如此巨大。然而，具有讽刺意味的是，人们也从来没有像今天这样如此强烈地对医学产生疑虑和提出批评。[①]

从《剑桥医学史》导言里的这几句话我们会发现，医学是人们非常需要的，但也是最容易受到人们质疑、批评和诟病的。对医学的质疑、批评和诟病应该不只是西方有，中国也一样有。而且质疑和批评不是今天才有，是古已有之。不过质疑和批评并不是坏事，而恰恰是医学进步和发展的动力，要进步就必须否定和改正自身的错误与不足。医学在最近几十年中之所以进步如此之快，其促进因素就是《剑桥医学史》导言中所说的对医学强烈的疑虑和批评。

受尽质疑和批评、发展到今天的医学是从哪儿来的、怎么来的呢？

医学产生的起因是人发现自己的身体有病了，不过并不是人刚一发现有病，医学就产生了，而是经历了非常漫长的时间以后才逐渐产生的。其实地球上其他动物也会知道自己生病了，而且也会想办法去医治，所以它们也有"医学"。像大猩猩、猴子、狮子、老虎、山羊等，它们受了伤或者生了病以后，都会想各种办法把伤病治好。比如，狮子、小猫、小狗如果受伤了，它们会用舌头舔伤口，让伤口更快地愈合。而其他动物，像大猩猩、猴子和山羊如果肠胃有病了，它们就会跑到一些特定的地方，去吃一些特别的草、树叶或者舔舐特别的土，因为那些草、树叶和土里有可以治疗肠胃病的矿物质。动物的这些"医学知识"，是在漫长的演化过程中，逐渐学习和积累起来的。人类在漫长的原始时代也和其他动物一样，逐渐积累起了原始的"医学"。

---

① 罗伊·波特.2000.剑桥医学史.张大庆,李志平,刘学礼,等译.长春:吉林人民出版社:1.

不过，现在我们叫医学的东西是一种科学，这样的医学是人类进入文明社会以后才出现的。《剑桥医学史》中这样写道：

人类自群居以来，就开始了与疾病这一与"文明"相伴的东西的斗争。在公元前 1000 年前后的古埃及和美索不达米亚、公元前 750 年前后的古印度、公元前 6 世纪的古希腊以及公元前 100 年的中国都曾有过这方面文字和图画描述的证据。①

人类的祖先（类人动物）作为狩猎者和采集者至少有 450 万年的历史。他们以 50—100 人的群体分散生活。人口的低数量和低密度减少了病毒和细菌感染的概率，因此，人类并没有诸如天花或麻疹一类的传染病的困扰，这些病原体的传播需要大量高密度的生存人群。②

从《剑桥医学史》中的这段描述我们知道，人类虽然很早就开始了群居生活，但原始时代的人群人数不多，和现在非洲塞伦盖蒂草原上由几只雄狮带着几十个妻儿的狮群数量差不多。低密度的人群减少了病毒和细菌的传播，所以那时候还没有传染病，其他疾病也没有那么严重。另外还有个原因：

此外，狩猎和采集者的生活方式也使他们避免了许多疾病。他们是永不停歇的民族，经常迁徙，因此没有足够长的时间紧密为邻，以致使人类产生传播疾病的废弃物不会污染水源，也不会积累吸引携带病原昆虫的垃圾。最后，狩猎和采集者还没有驯养动物。③

可随着人类文明的进步，这些让人类不得病的条件却随之逐渐消失。大概从 1 万年前开始，人们逐渐从"永不停歇的民族，经常迁徙"居无定所，变成了定居的生活。原因就是人学会了种田，学会了种植稻、麦、黍等粮食作物。而工具的不断更新，大大提高了生产力，粮食产量也越来越高，比较充足的粮食让人们逐渐停止了狩猎、采集的生

---

① 罗伊·波特.2000.剑桥医学史.张大庆,李志平,刘学礼,等译.长春:吉林人民出版社：15.
②③ 罗伊·波特.2000.剑桥医学史.张大庆,李志平,刘学礼,等译.长春:吉林人民出版社：16.

活，不再漂泊、流浪，安定下来。人类学会种田，定居以后，人口不断增加。为了养活更多的人，人们除了开垦更多的土地之外，还开始饲养牲畜，如牛、羊、猪等，还有小猫、小狗。这些动物在为人类带来美味和安慰的同时，也带来了一些"小礼物"，那就是它们身上的虱子、跳蚤等。而在人们聚集居住的地方，排泄物和生活垃圾还"吸引"来了另外一些"小客人"，它们就是苍蝇、蚊子、蟑螂、老鼠。它们是传播各种疾病的罪魁祸首、小恶魔。就这样，各种传染病开始在定居的人群里流行，所以伴随着人类文明程度的不断提高，困扰人类的各种疾病也就越发严重了。于是，医学就跟着小猫、小狗、虱子、跳蚤、苍蝇、蚊子、蟑螂、老鼠等的小脚步，进入了人类生活。

医学和其他科学学科一样，都是由心里充满好奇的人创造的。几千年前就开始有对怎么治疗疾病好奇和感兴趣的人。开始他们也像其他动物一样去寻找可以治腹痛的、治疟疾的草和树叶，然后又逐渐学会用像葱和韭菜一类带有刺激味道的植物熬成药水，学会用香料清洁身体，学会灌肠，学会用绷带止血。此外，有人发现了似乎比草药、绷带更有用的办法。那就是当时越来越多的人相信，一切病痛都是魔鬼在作怪，生病就是魔鬼附身，要赶走它们就得举行各种祭祀活动，如跳大神、念咒语、祭祀。所以那时候跳大神、念咒语、祭祀被认为是比草药、绷带更有效的治疗疾病的方法。

医学的起源听起来挺荒唐，不过我们也不得不佩服古人的智慧。从古代医学的许多事例中，我们可以看到古人曾经有过的大智慧。比如，西晋皇甫谧在《针灸甲乙经》序里这样写道："伊尹以亚圣之才，撰用《神农本草》，以为《汤液》。"[1] 皇甫谧说，辅佐商汤打败夏桀的伊尹是个亚圣之才，也就是天才。伊尹是厨神兼药神，他利用《神农本草经》写了一部《汤液》。汤液就是可食、可疗的各种汤剂，包括老火靓汤和煎制汤药，用各种食材、草药经过配伍熬出来的。考古学家在埃及和中国都发现了10 000年前带洞洞的颅骨，这说明那时候已经有人会在人的头上钻眼儿做开颅手术了。更神奇的是，根据骨骼上留下的痕迹判断，脑袋上被钻了眼儿的人又继续活了好长时间。不过古人的医学仍然是原始

---

[1] 皇甫谧.2006.针灸甲乙经.黄龙祥整理.北京：人民卫生出版社:17.

的，无论吃药还是做颅骨手术，在遥远的古代，医学和巫术是并举的，那时候很少有人能明白草药、手术还有跳大神哪个更重要。于是，古代医学就在这种半人半神的状况下向今天走来。

西方医学一般被认为来自古希腊，而古希腊医学可能又是古埃及、两河流域医学的延续。考古学家在一块来自公元前650年的苏美尔的泥板上，读到一段很详细的关于癫痫病症状的描述；而被称为"历史之父"的古希腊历史学家希罗多德（约公元前484—前425年），在他的著作《历史》里面讲了不少埃及人医学和保健的故事，

在每一个月里，他们连续三天服用泻剂，他们是用呕吐和灌肠的办法来达到保健的目的的。因为他们相信，人之所以得病，全是从他们所吃的东西而引起的……埃及人也是世界上仅次于利比亚人的最健康的人。[①]

他还记录了不少古埃及医生的故事，记录了古埃及医生擅长治什么病。比如，他们擅长治疗牙病、腹痛和各种无名疾病等。由于古埃及人对尸体没有禁忌，木乃伊的制作为医生提供了大量解剖学的知识，让医生能更准确地发现生病的部位和原因。

那中国医学是从哪里延续来的呢？这事估计没人能说清楚。不过中国所有的医生，还有制药公司的老板都知道要感谢一个人，那就是神农。据说他是中国医药的鼻祖。《竹书纪年》里面有一段专门描写神农的：

尊师受学，作五弦琴，作耒耜，教天下种谷，立历日……味尝草木作方书……[②]（图4-1）

中国各种古籍里关于神农，尤其是他尝百草的传说还有很多，不止一本《竹书纪年》。

《竹书纪年》记载的历史可以分为两段：第一段是史前史，也叫前编，讲的是伏羲、神农的故事；第二段讲的是从黄帝开始，一直到公元前220年秦国建立以前的故事。第一段里除了聊过神农尝百草以外，还

---

[①] 希罗多德. 1959. 历史. 王以铸译. 北京：商务印书馆：143.
[②] 浙江书局辑刊. 1986. 竹书纪年统笺. 徐文靖补签 // 二十二子. 上海：上海古籍出版社：1042.

图 4-1　神农作耒耜，尝百草

聊了神农做的另外一件事,即神农"作耒耜"。"耒耜"是什么东西呢?这两个字现在很少用了,"耒"是"垒"音,"耜"是"四"音,耒耜是中国远古时代的一种农具,考古学家在河南仰韶文化遗址、浙江河姆渡文化遗址都发现了耒耜。另外,山东省嘉祥县有一个叫武翟山的小村子,这里有个著名的武氏家族墓地,墓地里保存着很多东汉画像石。其中一块画像石上画了一幅神农像,这个神农手持耒耜正在种田。从仰韶文化、河姆渡文化中发现的耒耜,以及在武氏家族墓地发现的画像可以知道,走进人类文明史的全新时代——农耕文明的,这个时代也是《剑桥医学史》上说的,"开始了与疾病这一与'文明'相伴的东西的斗争"的时代,中国医学事业也从此拉开了序幕。

下面我们来看看古代东西方的医学,以及东西方医学在各自的发展过程中思维方法的异同。通过这些比较,可以重新定义我们的国粹,找到阻碍进步的因素,更主要的是,或许对我们今天及明天的思维能够有所启发。

## 二、《神农本草经》与《草药学》

中国古代对曾经做出过伟大发明创造的人,比如发明盖房子的有巢氏、发明用火的燧人氏、发明文字的仓颉,包括发明医学的神农,都会有一段传奇故事。比如关于发明盖房子的有巢氏:

上古之世,人民少而禽兽众,人民不胜禽兽虫蛇。有圣人作,构木为巢以避群害,而民悦之,使王天下,号曰有巢氏。[1]

而关于医学的故事,除了前面说的尝百草的神农以外,还有几个故事也和医学息息相关的。

---

[1] 光绪吴氏影宋乾道本校刻. 1986. 韩非子 // 二十二子. 上海: 上海古籍出版社: 1183.

太古之初，人吮露精，食草木实，穴居野处，山居则食鸟兽，衣其羽皮，饮血茹毛；近水则食鱼鳖蚌蛤，未有火化，腥臊多害肠胃。于是圣人造作钻燧出火，教民熟食，民人大悦，号曰燧人。①

这是魏晋时代谯周所著的《古史考》里的，意思是太古时代的中国人风餐露宿，住在山边的人就以鸟兽为食，住在水边的人就以鱼蚌为食，生吃这些腥臊的食物会得肠胃病。后来出现了一个人，他教会了老百姓用火，教人把食物烧熟以后吃，还教人用火铸造刀具，从此以后人民的生活得以大大改善，大家称这位圣人为燧人氏。东汉时代的一位著名学者、医学家皇甫谧，写过一本《帝王世纪》，其中聊了另外一个圣人——伏羲对医学的贡献：

伏羲画八卦，所以六气六府五藏五行阴阳四时水火升降得以有象，百病之理，得以有类；乃尝百药而制九针，以拯夭枉焉②。

这里皇甫谧告诉大家，伏羲作八卦，不但可以算命，还可以把人身体里的六气六腑、五脏，以及阴阳五行、四时等都做分类。六气就是风、热、暑、湿、燥、寒，六腑和五脏是指人体内的各种器官，五行是木、火、土、金、水，古代中国人认为这五种东西是相生相克的。人们懂得了这些区别，也就可以知道病是怎么来的了，以及都是什么病。伏羲还发明了九针，用针灸来治疗各种疾病。这些虽然是神话故事，不过从故事中我们可以隐隐约约看到远古时代中国医学的一些端倪，看到燧人氏教给我们如何用火，不再生吃腥臊的食物，以及中国传统中六气六腑、五脏五行等原始医学的观念。不过，这些故事里的医学都是传说，要想了解中国医学在思维上的特点和性质、寻找中国古代医学思维的根源，还得去读另外一些书。

医学一定是伴随着疾病而来的，医学要做的第一件重要的事情就是诊断。诊断就是确定患者到底怎么了。生病的人都会出现一些和不生病的时候不同的状况，这种状况在医学上叫作症状，医生就要判断这种症状是由什么引起的。比如说肚子疼，可能是因为吃的不合适肠胃出了问

---

①② 陈邦贤. 2009. 中国医学史. 北京: 团结出版社: 6.

题，可能是阑尾炎，也可能是胆结石，还有可能是肝脾肾出了问题。现代医学做诊断，要利用很多诊断的方法和仪器。患者到医院看病，医生问了病情以后，需要患者去抽血或者做 B 超等，当然诊断更需要医生的经验。古代没有仪器，当时人们对自然、对人的身体还没有多少科学的认识，所以在诊断上除了医生自身积累的经验，如果遇上不容易诊断的病情就要借助神明的力量，也就是现在咱们说的迷信，烧香磕头求神明帮助驱鬼去病。

医学要做的第二件重要的事情就是药学。药学是硬碰硬的，基本不需要神仙显灵，所以古代药学里虽然也有很多神话，不过迷信的成分要少多了。而中国古代流传下来的最早的有关医学的书，基本都是药学书。那我们就先来看看中国古代药学的历史，看看中国古人是如何认识药物，在药学上是如何思考的。

剑桥大学和加利福尼亚大学洛杉矶分校的双聘教授罗伊·波特写的《剑桥医学史》第七章"药物治疗与药物学的兴起"里有一节"中国古代与印度的药物"，专门讨论了古代中国和印度的药物。这一节里有这么一段：

中国伟大的《神农本草经》被认为是非常古老的，也许是公元前2700年的著作，但是很可能是从公元前200年开始记录下来的。它只是一些引文中被了解，据说它包括240种植物药及125种其他药物。[①]

罗伊·波特教授说的"只是一些引文中被了解"，意思是《神农本草经》可能很早就有了（罗伊·波特说是公元前2700年），但是失传了。再看到的《神农本草经》是后来的学者们从散落在各种书籍里，如《隋书·经籍志》《旧唐书·经籍志》《新唐书·艺文志》《通志·艺文略》等的片段中重新整理出来的，于是才有了一直流传到今天的《神农本草经》。《神农本草经》是中国古代第一部药学著作。以现代思维来看，《神农本草经》是一部药典，属于药物的百科全书或者分类学目录。

那《神农本草经》是如何分类的呢？如罗伊·波特所说的，这本

---

① 罗伊·波特.2000.剑桥医学史.张大庆，李志平，刘学礼，等译.长春：吉林人民出版社：396-397.

书里包括 240 种植物药及 125 种其他药物，这 365 种药物被分为三大类：上品、中品和下品。上品、中品、下品是中国古代对药物的一种分类，即上品"为君"、中品"为臣"、下品"为佐使"。药怎么还分成君、臣、佐使呢？古代把君、臣、佐使这样的等级观念用在了药物上，用以表示药物不同的性质、等级。把对治疗疾病有主要作用的药叫作君，起辅助作用的称为臣，起调剂作用的称为佐使。另外，药物还有毒性，古人云"是药三分毒"，君、臣、佐使也把药物的毒性分出了等级。下面看看《神农本草经》里具体的分类。

上药一百二十种，为君，主养命以应天，无毒。多服、久服不伤人。欲轻身益气，不老延年者，本上经。①

意思是，上品君药 120 种，主要作用是颐养天年，没有毒，多吃久吃都没事儿。如果想让自己身轻如燕、气血通畅、长寿，吃上品药是最好的。

中药一百二十种为臣，主养性以应人，无毒有毒，斟酌其宜，欲遏病，补虚羸者，本中经。②

意思是，中品药是大臣，有 120 种，对不同的人有滋养作用，其中有有毒的，也有没有毒的，要根据不同人的情况斟酌使用，这些药可以遏制疾病，补养身体羸弱的人。

下药一百二十五种为左使，主治病以应地，多毒，不可久服，欲除寒热邪气，破积聚，愈疾者，本下经。③

意思是，下品药有 125 种，作用要根据不同的病来区分和使用，"应地"的意思和因地制宜的意思相同。这种药都有毒，不能吃太多、太久，可以驱除寒热邪气，解除淤积，用下品药治疗疾病，不是最好的选择。

《神农本草经》是中国古人总结出的第一部药典，把 365 种不同的药物根据作用、药性和毒性分为三品，这是中国古人的创造。可是，古

---

①②③  神农氏. 神农本草经. http://www.shicimingqu.com/book/shennongbencaojing.html.

人是怎么知道药物的作用、药性和毒性的呢？难道真的是神农尝百草的功劳吗？其实圣人只是人们的一种期待和美好的愿望，就算有圣人，圣人也不是从天上掉下来的。圣人和大家一样，要通过自己对疾病和药物的好奇，通过观察和思考，经过长时间的探索、分析、比较，最后得到关于药物上品、中品、下品的结论。所以，古代的圣人就像现在的科学家一样，不是靠神仙的力量，而是靠自己的智慧、科学思维和创新精神去探索未知世界的人。

除了三品，《神农本草经》还把药物细分为"玉石""草""木""人""兽""禽""虫鱼""果""米谷""菜"几大类。这种分类方法用现在的眼光看有点儿奇怪，不过在古代还没有任何科学分类知识的情况下，有这样的分类已经非常难能可贵了。《神农本草经》就是在上品、中品、下品三个大项下，再以这些细分类分别描述了365种药物。

有个很有趣的事情，2015年获得诺贝尔生理学或医学奖的中国科学家屠呦呦，她提取青蒿素的材料，在《神农本草经》里就有记载。更有趣的是，在《神农本草经》的上品、中品、下品的三类草类中，都有一种带"蒿"字的药物。而屠呦呦提取青蒿素的植物是下品药佐使里的草蒿，也叫青蒿（图4-2）。这是怎么回事儿呢？我们来看看《神农本草经》里古人是怎么说的。

（1）（上品）草　白蒿

味甘平。主五脏邪气，风寒温痹，补中益气，长毛发，令黑，疗心悬，少食，常饥。久服，轻身，耳目聪明，不老。生川泽。

（2）（中品）草　马先蒿

味平。主寒热，鬼注，中风湿痹，女子带下病，无子。一名马屎蒿。生川泽。

（3）（下品）草　草蒿

味苦寒。主疥瘙，痂痒，恶创，杀虫，留热在骨节间。明目。一名青蒿，一名方溃。生川泽。

图 4-2　屠呦呦与青蒿

《神农本草经》上品、中品、下品的蒿草里，上品的白蒿，有"补中益气，长毛发，令黑"，就是让白头发变黑的功效；中品的马先蒿，可以治女子带下病；而屠呦呦提取青蒿素的草蒿，也就是青蒿，主要作用是止痒、杀虫，"多毒，不可久服"，属于下品药。

从《神农本草经》里对这三种蒿草的描述起码可以了解到，古人已经知道青蒿有杀虫的作用。屠呦呦提取的青蒿素作用是杀灭疟疾原虫。只不过疟疾原虫并非虫子，而是寄生在人或者蚊虫体内的一种单细胞原生动物。无论如何，4000多年前药典里的药材，成为4000多年后获得诺贝尔奖的实验材料，这种无巧不成书的事情，很可能还会再次发生，这就是古人智慧之所在。不过，屠呦呦提取的青蒿素是一种纯净的化学物质，化学名是"有过氧基团的倍半萜内酯"，化学分子式为$C_{15}H_{22}O_5$，这种化学物质可以有效地杀死疟疾原虫。屠呦呦提取的青蒿素和《神农本草经》里的"（下品）草　草蒿：味苦寒。主疥搔，痂痒，恶创，杀虫，留热在骨节间。明目"，已经不是一个概念的事物。《神农本草经》里的草蒿，化学分子式是极其复杂的，是由各种已知和未知的、无毒的和有毒的物质组成的，草蒿可以杀虫，但是不能有效地杀死疟原虫。从这一点也足以证明，人类对世界、对大自然的认识，包括医学是不断进步发展和与时俱进的，古代人的智慧留下的只是一个开始。

《神农本草经》是谁写的呢？它是中国古代第一本药典，作者难道真的就是神农？神农是个神话人物，有没有这么个人都无法考证，所以作者不可能是神农。但该书的作者肯定是对医药非常好奇、感兴趣而且十分有经验的人。他把从远古时代开始中国人逐渐积累起来的关于各种药物的知识集合在一起，写成了这本《神农本草经》。史书没有记载其作者，所以这个作者可能只是一个没有做过官的普通老百姓。可作者为什么要把书名冠以"神农"二字呢？这是因为中国有个传统：尊古尊圣也。淮南子说："世俗之人，多尊古而贱今，故为道者，必托之于神农、黄帝而后能入说。"[1] 意思是，世俗之人都追捧膜拜古代，轻视作践自己

---

[1] 何宁.1998.淮南子集释·下·修务训.北京：中华书局：1355.

的时代。所以如果有人想著书立说，作者一定要冠以古代的圣人，像神农、黄帝这样的头衔。所以，中国古代医学的两部重要著作《神农本草经》《黄帝内经》都属于假托圣人，并非作者是神农和皇帝。

《神农本草经》是什么时候写的呢？罗伊·波特说是公元前 2700 年，这个说法只是一种猜测，没有证据可以证实。所以关于这个问题，由于时间久远，具体什么时候写的已经无从得知，不过这本书第一次出现在大家视线里的时间还是可以知道的。医学史家陈邦贤先生在他的著作《中国医学史》里说，历史上最早对《神农本草经》的描述来自《汉书·平帝纪》：

征天下通知逸经、古记、天文、历算、钟律、小学、史篇、方术、本草及以五经、论语、孝经、尔雅教授者，在所为驾一封轺传，遣诣京师。①

《汉书·平帝纪》里的这段，是当时朝廷选拔人才的政策，人才来自哪儿呢？来自"通知"，这个"通知"不是开会的通知，而是通晓某种知识、有知识的人。那时候还没有今天的文科生和理科生，但也有很多种知识，有逸经（五经）、古记（即历史）、天文、历算、钟律（这里说的钟不是报时的钟而是音乐）等，其中还有一项是"本草"，也就是医药。汉平帝在位的时期是公元前 1—公元 6 年，就算《神农本草经》是那个时代的作品，到今天也有 2000 多年的历史了。《神农本草经》里虽然只有 365 种药物，但根据药物的药性、毒性等很科学地分为上中下品，做出如此细致的分类肯定不是一时一日可以做到的，而在那个时代，做到这件事花上千年时间都是很有可能的。因此，罗伊·波特做出公元前 2700 年的推论虽然比较夸张，但也可以从中看到古人坚持不懈、孜孜不倦的精神。很有趣的是，两三千年前写《神农本草经》的作者万万没有想到，书里作为下品佐使的青蒿，在两千多年以后，被用现代科学的方法提取出有效的化学成分青蒿素，不但挽救了几百万人的生命，还使科学家获得诺贝尔生理学或医学奖。

《神农本草经》开创了中国古代药学的先河，在后来的 1000 多年

---

① 班固 . 2017. 宋本汉书（三）. 颜师古注 . 北京：国家图书馆出版社：32.

间,"本草"这个词成了中国古代药学的代名词,医生、学者除了写了很多有关本草的书以外,其中包含的药物种类也不断增加。其中东汉(190年前后)有《蔡邕本草》,蔡邕是蔡文姬的父亲,可惜这本书没有流传下来,不知记载了多少药物;接着在南北朝(500年前后)有陶弘景的《本草经集注》,这本书中的药物从《神农本草经》的365种增加到730种;唐朝初期(650年左右)又编辑了《新修本草》,也叫《唐本草》,这本书里的药物增加到850种;唐代(7—8世纪)还出现了一本《食疗本草》。食疗和现代营养学类似,这本书是唐朝的医学家兼美食家孟诜所作的,记载了227种既可以作食物又具有医疗保健作用的药物;11世纪的宋朝又出现了《经史证类备急本草》,药物种类大幅度增加,这时中国的药物种类已经有1500多种;而明朝由李时珍编写的《本草纲目》(刊于1590年),其中记载的药物是1892种,成为中国古代药学集大成之作。

从《神农本草经》的365种药物到李时珍《本草纲目》的1892种药物,时间过去了起码1500年以上。医学作为一种科学是不断进步和发展的,在这1500年里,中医对每一种药物的研究和认识,有哪些进步和发展?下面我们选择三本不同时代有关本草的书,从它们对某一种药物的描述的比较中去了解中医在这1500年的时间里对中草药认识进步发展的大致情况。三本"本草"是《神农本草经》(以最早出现在史书的西汉平帝1世纪计)、唐代孟诜的《食疗本草》(7—8世纪)和明朝李时珍的《本草纲目》(1590年)。比较的药物就用屠呦呦提取了有效成分,获得诺贝尔生理学或医学奖的草蒿(青蒿)。

《神农本草经》中的描述:

(下品)草 草蒿

味苦寒。主疥瘙,痂痒,恶创,杀虫,留热在骨节间。明目。一名青蒿,一名方溃。生川泽。[①]

唐代孟诜《食疗本草》中的描述:

---

① 神农氏. 神农本草经. http://www.shicimingqu.com/book/shennongbencaojing.html.

青蒿，寒。益气长发，能轻身补中，不老明目，煞风毒。捣敷疮上，止血生肉……又，鬼气……①

明朝李时珍《本草纲目》中的描述：

（本经下品）青蒿

【释名】草蒿（《本经》）、方溃（《本经》）、蒿（《蜀本》）、香蒿（《衍义》）……北人呼为青蒿。

【气味】苦，寒，无毒。

【主治】疥瘙痂痒恶疮，杀虱，治留热在骨节间，明目（《本经》）。鬼气尸疰伏连，妇人血气，腹内满，及冷热久痢。

【时珍曰】：青蒿得春木少阳之气最早，故所主之证，皆少阳、厥阴血分之病也。按《月令通纂》，言伏内庚日，采青蒿悬于门庭内，可辟邪气②。

我们来看看，分别相隔七八百年、延续 1500 年的三本有关本草的书中古人对青蒿的认识有哪些进步和发展。最早的《神农本草经》认为青蒿有杀虫作用；七八百年以后，唐代孟诜的《食疗本草》认为，青蒿除了有和《神农本草经》中提到的杀虫类似的煞风毒的作用以外，又多了止血生肉、鬼气等作用。孟诜还发现青蒿有长发、轻身、明目等保健作用；又过了七八百年，到 1590 年，李时珍的《本草纲目》认为，青蒿可以治疗各种疥疮，杀虱。他还聊了鬼气，"鬼气尸疰伏连，妇人血气，腹内满，及冷热久痢"。孟诜的《食疗本草》和李时珍的《本草纲目》里都聊了"鬼气"，"鬼气"属于中医的一种虚症。虚症就是莫名其妙，找不到具体原因的怪病，一般表现为怠倦、消瘦、厌食；而"妇人血气，腹内满，及冷热久痢"，一般是指妇科病，应该是月经不调，还有就是肠胃方面的，如肚胀、腹泻等。

李时珍在脚注里说的"青蒿得少阳之气，悬于门庭内，可辟邪气"的说法，应该是青蒿会散发某种气味，有驱虫的作用，挂在门口蚊虫不会飞进屋子，因此可以"辟邪气"。邪气是迷信的说法，古人把搞不清

---

① 孟诜.2007.食疗本草译注.郑金生，张同君译注.上海：上海古籍出版社：21.
② 李时珍.2015.本草纲目·上册.北京：人民卫生出版社：943.

来源、莫名其妙的事物称为邪气。其实邪气都是有原因的，不过，在缺乏科学知识的古代，人们还不懂，于是称之为邪气。

从《神农本草经》到《本草纲目》的这些比较中，我们可以很清晰地看到中国古代药学的发展脉络。从《神农本草经》的 365 种药物，到《本草纲目》的 1892 种药物；从《神农本草经》的"主疥搔，痂痒，恶创，杀虫，留热在骨节间"，到《食疗本草》的"益气长发，能轻身补中，不老明目，煞风毒。捣敷疮上，止血生肉……又，鬼气……"，再到《本草纲目》的"疥瘙痂痒恶疮，杀虱，治留热在骨节间，明目。鬼气尸疰伏连，妇人血气，腹内满，及冷热久痢"，可以看到，古人对青蒿这味药认识上的变化是随着医学经验的不断积累而进步和发展的。

这些比较似乎可以让我们穿越时空，揣摩到古代的医生和学者的思想，他们认真地观察、试验，不断地总结经验。从大自然里的各种植物、动物和矿物中，分辨出越来越多可以治疗疾病的神器——中药。从神农到李时珍，这些来自经验的知识不断积累，越来越丰富，中国古代的药学也逐渐走向新的高峰。当然，神和迷信的成分仍然混杂在医生的思想里，直到今天仍然有人相信包治百病的"神奇"药方和"神奇"的所谓家传秘方。

那西方古代的药学如何呢？所谓西方，一般是指欧洲。欧洲文化起源于古希腊，而古希腊又继承了古埃及、苏美尔的衣钵，所以西方文化也是古埃及、苏美尔文化的延续。古埃及的莎草纸上记载了公元前 1600—前 1500 年的医疗处方，据说埃及人把药物的功效归功于各种水果和蔬菜。他们还会用一些植物的提取液作为泻药，如番泻叶、西瓜瓤和蓖麻油，还会用从植物的虫瘿处，就是被虫子咬过又长出来的畸形瘤子上得到的鞣酸治疗烫伤，诸如此类的方法据说在古埃及广为人知。另外也有很多草药被记载下来，像藜芦、莨菪、毒参茄等。考古学家还在埃及著名的卡纳克神庙发现了公元前 15 世纪的浮雕"图特摩斯三世的植物花园"[1]，浮雕描绘了埃及法老在亚洲遇见的动植物。不过这些关于药物的说法，和中国尝百草的神农一样都是传说。

---

[1] 罗伊·波特. 2000. 剑桥医学史. 张大庆，李志平，刘学礼，等译. 长春：吉林人民出版社：398.

人们只能去猜测最早的药物是如何被发现的。痛苦的经历教给人们哪种植物是有毒的，而愉快的经历也许更精细地启发了人们对某些植物有益的特性。许多公元前1600—前1500年的古埃及纸草文就记载了医疗操作及药物是如何应用的，其处方的书写形式在现代西方医学中仍然存在。只是一些象形的符号难于阐明并且许多治疗的确切效果还是可疑的。①

公元前6—前5世纪，围绕着地中海岸边的希腊城邦进入了古希腊历史的古典时期，古典时期最伟大的哲学家之一亚里士多德虽然不是医生，但是他写了几本和医学相关的书，如《论生与死》《论呼吸》《论睡眠》《论植物》《论动物》等。亚里士多德的理论推崇用观察进行研究，他的书都是他对各种事物观察得到的结果。他观察了500多种动植物，并且对其中50多种做了解剖。他还第一次提出作为生物分类依据的"种""属"的概念。用现在的眼光看，亚里士多德通过观察得出的结论大多数都是不正确的，但是他提倡用双眼去观察。

比如在《论植物》一书里，亚里士多德这样写道：

在动物和植物中也能发现生命。在动物中，生命是显而易见的，但在植物中，生命却是隐秘的、不明显的。为了确立植物生命的存在，必须进行大量艰苦的探索。②

这里，亚里士多德提出植物也可能有生命，但是隐秘的、不明显的，需要大量艰苦的探索。而在《论呼吸》里，对鱼的呼吸他这样写道：

当鱼借助于嘴里的真空，用鳃排出水时，它们就从嘴周围的水中吸到了空气；这意味着水中有空气。但这是不可能的……③

他的这个结论显然是受到当时科学知识的限制，不知道水里是有氧气的。他的结论属于赖欣巴哈说的假解释。不过，亚里士多德的假解释也如赖欣巴哈所说，"比较容易在以后的经验的启发下得到纠正和改善"。

---

① 罗伊·波特. 2000. 剑桥医学史. 张大庆，李志平，刘学礼，等译. 长春：吉林人民出版社：246.
② 亚里士多德. 1990. 亚里士多德全集·第六卷·论植物. 北京：中国人民大学出版社：61.
③ 亚里士多德. 1990. 亚里士多德全集·第三卷·论呼吸. 北京：中国人民大学出版社：206.

到了古罗马，相当于中国东汉，当中国的郎中们在读《神农本草经》的时候，西方也有了一本药学的书，那就是五卷本的《草药学》（*De Materia Medica*）。这本书里描述了1000种药物，其中有500种是植物。这是在古罗马尼禄统治的时期（54—68年），由曾在军队做医生的戴奥斯考里德（Dioscorides）写的。《草药学》里使用的分类方法，比《神农本草经》更奇怪："香料、油膏与树木""动物、牛奶和奶酪制品，谷类及烈性草药""植物根、汁和草药""草药与根""葡萄与酒、矿物质"①。对药物的描述也不太一样："荆棘：捆扎起来并弄干，可以用来染发。但用它的叶子煎后喝下去会抑制食欲，抑制妇女的月经，对胸骨的伤口有好处。咀嚼叶子能够坚固你的牙床，治疗口疮。叶子还可用来抑制疱疹，治愈你头部的发展的溃疡及眼睛的失明……"②这个荆棘似乎可以包治百病，其实这是当时人们对草药的认识，"在现代疾病观形成很久以前，药物的施用基本是对症治疗。绝大多数植物被认为可以治疗所有疾病"③。

这本《草药学》和中国的《神农本草经》一样，是欧洲古代草药学的经典。《剑桥医学史》是这样评价《草药学》的："公元1世纪西里西亚的戴奥斯考里德所写的五卷草药专著，在至少15个世纪中一直是有关植物与药物知识的基础。"④另外，戴奥斯考里德在《草药学》里还提到一件草药以外的事情，他观察到一个现象，就是水银会在容器盖子朝下的一面凝结。这个观察导致了后来（大约10世纪）蒸馏技术的发明。

16世纪，当李时珍把他的巨著《本草纲目》献给世界的时候，文艺复兴运动在欧洲已经悄悄兴起大约100年。从此独立精神、批判精神、创新精神大爆发，在医学上也开始出现拒绝传统的观念。文艺复兴的代表人物就是出生于瑞士的"叛逆"医生——巴拉赛尔苏斯（Paracelsus）。他不但是个医生，还是个观察者、实验者，他把观察到的现象通过实验去验证。他推荐用各种矿物治疗疾病，比如，用水银治疗梅毒，用鸦片酊做麻醉药。他注意到空气是木头燃烧必不可少的条件，于是他成为发

---

①②③ 罗伊·波特.2000.剑桥医学史.张大庆,李志平,刘学礼,等译.长春：吉林人民出版社：401.
④ 罗伊·波特.2000.剑桥医学史.张大庆,李志平,刘学礼,等译.长春：吉林人民出版社：400.

现没有空气所有的生命都会死亡的第一人。

不过对于巴拉赛尔苏斯的"叛逆",当时大部分的医生,尤其是那些令人尊敬的医生,他们还是"非常顽固,紧抱住盖仑的教条不放。维护权威要比研究事实容易得多,况且当时是一个只承认传统观点而不承认实验评价的时代……"[1]

西方从古代到文艺复兴以前,除了公元1世纪时戴奥斯考里德的《草药学》,基本没有像中国从《神农本草经》到《本草纲目》这样系列的药学著作。不过,西方人在研究药物对疾病的作用的同时,也没有忘记去研究药物的本体,即可以拿来做药的动物、植物、矿物在自然状态下的情况。像亚里士多德,他描述的动植物都是从自然的角度,并不是从药物和治病的角度。而戴奥斯考里德和巴拉赛尔苏斯在聊药物、研究药物的同时,还观察和发现了动物、植物、矿物作为药物以外的自然属性的情况。他们的这些观察和发现为后来其他科学的产生和发展奠定了基础。而后来发展起来的各种科学学科,如物理学、化学、生物学等,又反过来促进了现代医学的迅猛发展。

上面我们大致梳理了东西方古代在药学方面的情况,总体看来,东西方古代的药学都曾创造过非常伟大的成就。

## 三、医生来了

前面探讨了古代的药学,接下来看古代的医生。关于人类最早的医生是什么时候有的,那时候的医生都在做什么,其中还有一段很有趣、听上去有点儿匪夷所思的故事。中国医学史研究的开拓者、医学家陈邦贤先生在《中国医学史》里这样写道:

> 据民俗学的研究,医士的起源,不过就是破邪的术士,而医学也不

---

[1] 罗伊·波特. 2000. 剑桥医学史. 张大庆, 李志平, 刘学礼, 等译. 长春: 吉林人民出版社: 404.

过是一种魔术而已。①

如此高尚的医学，居然开始于破邪术士的魔术。那魔术是怎么开始的呢？咱们接着听陈邦贤讲故事：

这话是很对的，民间的医术，实在是对付一种特殊仇敌的魔术，那特殊的仇敌就是疾病；近代文明民族的医学，方能渐渐脱离魔术；在原始民族中，殊难分开；但是这种原始的医术，虽是无理可笑，却也是人类无智识心理的表现一种。

无科学思想的人民，全以为疾病是独立的事情，可以随便附加或脱离人的身体，像一件衣服一样；致病的原因，有的以为疾病为具人格的物，能自动地攻击人，所以一切的疾病，都向神禳祷；常常以为生病是由于犯了迷信的禁条，有的则以为是由于神灵精怪或鬼魂附体或术士施法。

由于这种信仰，所以医巫师就是原始的医士，原始医士的工作，是要先发现病源，然后设法对付；如作祟的是上神便是求他，鬼魂则调停他，妖怪则驱逐他，妖巫则惩罚他，不查问病症，而是靠直觉的发见，是医巫师手段的表示。②

关于古代医学诞生在医巫不分的时代，2000年前西汉文学家刘向在他的《说苑》里也有一段类似陈邦贤的描述：

吾闻上古之为医者，曰苗父，苗父之为医也，以菅为席，以刍为狗，北面而祝，发十言耳，诸扶而来者，举而来者，皆平复如故。③

他说，上古时代一位医生叫苗父，他给人治病时是坐在竹席上，旁边放着刍狗，苗父向着北面祈祷，念十句咒语，然后无论被人扶着来的还是坐车来的患者都恢复如初，病都好了。而考古学家在对殷商时代甲骨文的研究中也发现差不多同样的记录，"从殷商甲骨文所见，在形式上看是用巫术，造成一种巫术气氛，对患者有安慰精神的心理作

---

① 陈邦贤. 2009. 中国医学史. 北京：团结出版社：8.
② 陈邦贤. 2009. 中国医学史. 北京：团结出版社：8.
③ 刘向撰，曾巩校. 2011. 说苑·辨物 // 增订汉魏丛书：汉魏遗书钞. 重庆：西南师范大学出版社：457.

用……"①那医学什么时候才知道把医术和巫术分开呢？到了周朝，情况变了，咱们来读《周礼》。《周礼》是周朝设置的各种官职的索引，其中有《周礼·天官·医师》：

　　医师掌医之政令，聚毒药以共医事。凡邦之有疾病者，有疕疡者造焉，则使医分而治之。

　　岁终，则稽其医事，以制其食：十全为上，十失一次之，十失二次之，十失三次之，十失四为下。②

　　第一段的意思是，医师的任务是掌握有关医疗的政令，储存各种治疗疾病的药物。只要有人生病、长疮或者有创伤，医师就分别给予治疗。第二段的意思是，按照医师工作的绩效来评定医师的收入，十次都治好的是上等，十次有一次失误的是次一等……十次失误四次的是最下等。从《周礼》里医师的记载可以看出，周朝的医学强调的已经不是"北面而祝，发十言耳"，而是药物和对不同疾病的治疗，周朝的医学不再强调巫术了，还很重视医师的绩效，当时的绩效如何评价"十全""十失一"虽然不清楚，但是对从医的医生的评价体系在周朝已经有了。这不但是对医生医术的一种评价，还说明周朝已经开始注意和重视医生的医德问题了。

　　那周朝就没有医巫了吗？如果再去《周礼》找，可以发现《周礼·春官》有司巫、男巫、女巫三个官职。其中，"司巫掌群巫之政令，若国大旱，则帅巫而舞雩。国有大灾，则帅巫而造巫恒。""男巫掌望祀、望衍授号，旁招以茅……""女巫掌岁时祓除，浴釁……"从三位司巫官职的职责可以看出，他们都是从事各种祭祀、驱鬼等的巫师，其中女巫"岁时祓除，浴釁"，就是掌管每年去除邪疾，煮香草沐浴，她们的工作和医学息息相关。不过从这些工作职责可以看出，周朝已经把医术和巫术明确地分开了。

　　医巫分开，医巫各司其职，巫师有秘籍《易经》，医师也有了医书。医生治病的经验和理论，和百工的技艺不一样，百工的技艺完全可以用

---

① 陈邦贤．2009．中国医学史．北京：团结出版社：9．
② 杨天宇．2004．周礼译注．上海：上海古籍出版社．

师傅带徒弟的方法流传下去，徒弟不认识字也没关系。但医生有了经验，除了带徒弟外，很多医生还写了下来，这样就有了可以让更多喜欢医学同时认识字的人学习的医书，于是，医书也就成为人类历史上传承医学的重要媒介。

中国古代有四大医书的说法，就是《神农本草经》《黄帝内经》《难经》《伤寒杂病论》（图4-3）。这四本书里最主要的两本是《神农本草经》《黄帝内经》，关于这两本书最早的文字记载，都出自《汉书》，《神农本草经》出自《汉书·平帝纪》，《黄帝内经》出自《汉书·艺文志》。这两本都是没有具体作者的医书，原因前面聊过了。

四大医书的另外两本《难经》《伤寒杂病论》，都是有作者的医书。《难经》原名"黄帝八十一难经"，是春秋战国时期的神医扁鹊（约公元前407—前310年）的作品。扁鹊也许是中国历史上第一个被载入史册的、真实的医务工作者，其他像神农、黄帝还有岐伯等都是神话故事中的人物。作为第一个医务工作者，扁鹊被人追捧了几千年，号称"神医"。很多著名的古籍都聊了扁鹊，如《韩非子》《左传》《战国策》《史记》等。据说扁鹊把各科医术，如内科、外科、妇科、五官科都玩得炉火纯青，不但会用药治病，还会做心脏移植手术。《列子·汤问》中对此有记载：

鲁公扈赵齐婴二人有疾，同请扁鹊求治……扁鹊遂饮二人毒酒，迷死三日，剖胸探心，易而置之；投以神药，既悟如初。[①]

这么厉害的郎中在2000多年前，那简直就是个神人，所以扁鹊遭到别人的羡慕、嫉妒，最后被暗杀了。扁鹊写的《难经》早已失传，现在看到的是后人从各种古代著作的记录中收集再造的。另外，有人认为这本书是对《黄帝内经》里提到的各种疑难病症的补遗。

《伤寒杂病论》是东汉末年的名医张仲景（约150—219年）的作品，他虽然没有像扁鹊那样遭人嫉妒，但他遇上东汉末年的乱世，去世以后书的抄本也都散乱了。好在过了不久司马懿建立了西晋，国家获得片刻安宁。西晋的太医令王叔和把散落各地的抄本重新进行了整理，但

---

① 世德堂本.1986.列子·汤问//二十二子.上海：上海古籍出版社：211.

图 4-3 扁鹊、张仲景与中国古代四大医书

是整理出来的只有《伤寒论》，没有杂病部分。几百年过去了，宋朝来了一个叫王洙的翰林，偶然在书库里发现一部被虫蛀了的竹简《金匮玉函要略方论》，整理出来后他惊讶地发现，原来这就是张仲景全部的《伤寒杂病论》，于是遗失的《伤寒杂病论》重见天日。

神农、黄帝、扁鹊和张仲景四位是中国医学的伟大奠基人，可谓"医圣"。除了这四位"医圣"的四本书，唐朝著名医学家孙思邈的《备急千金药方》，也是中国传统医学里非常重要的一部著作。孙思邈在书中提出的"大医精诚"的概念，成为中国传统医学行医之人的道德规范。

我们大致梳理了中国传统医学的发展脉络，中国的医学是从术士的魔术到医巫不分的时代逐渐走来的，那西方古代传统医学是如何发生和进步的呢？对此波特教授这么写道：

> 大约在1570年，巴塞尔大学内科医生兼医学教授茨温格将医学和技艺的鼻祖溯源到古希腊时期。作为一个虔诚的新教徒，尽管他不完全相信一个像阿波罗那样的异教徒的神灵曾经创造了医学而造福人类，他却接受了半神的阿斯克雷庇亚[①]为医学奠基人之一、神化了的半人半马的开隆为药物学缔造者的说法。但是他认为在很早以前上帝就把用于治病的所谓药物置于这个世界，以期后人去发现。
>
> 有人可能会讥笑茨温格对于历史的虚构，但他借助于神话传说表明一个基本事实，即医术和药物的出现要早于任何文字记载或历史事件。[②]

波特教授说的情况在中国也一样，从考古学家在古埃及和中国都发现的10 000年前带洞洞的颅骨，就完全可以证实医学开始于那个还没有文字的巫术的时代，所以古代东西方的医学都经历过医巫不分的时代。巫术中占星是西方人比较喜欢玩的一种，"由于巴比伦人在星象预测和通过检验动物肝脏进行占星术的专长，反映了他们对预言的重视。大多数疾病的侵袭其症状常归因于上帝或神灵之手，通常还伴有对死亡的

---

[①] 又译为"阿斯克勒庇俄斯"。
[②] 罗伊·波特. 2000. 剑桥医学史. 张大庆, 李志平, 刘学礼, 等译. 长春：吉林人民出版社：78.

预测。"①

在西方像扁鹊一样被记载下来的第一个医生，是古希腊的希波克拉底（约公元前460—前370年）。他生活的时代比扁鹊早了50多年，扁鹊出生时他已经53岁了。据说希波克拉底是被古希腊人奉为神医的阿斯克勒庇俄斯的后代，他一辈子行医，享年90多岁。

尽管茨温格倾向于医学起源于古希腊，但希腊人并不是东部地中海地区唯一能声称发明了医学的人。美索不达米亚和古埃及的医学文献和传说要远远早于古希腊。②

美索不达米亚和古埃及的医学没有留下一部像《希波克拉底文集》这样的医学著作，但是从《希波克拉底文集》中可以看到，美索不达米亚和古埃及的医学与古希腊医学之间是有沿袭、相承关系的：

不论是埃及医学还是巴比伦医学都显示出仔细观察的重要性以及医生的等级制度。他们的著作还没有揭示出有疑问的、有争议的和推测性的问题，而这些问题正标志着早期希腊医学的特点，这一点体现在《希波克拉底文集》中。③

这部文集是希波克拉底行医期间写的，他生前并没有公开发表。据说这部文集是公元前3世纪亚历山大大帝建立了希腊帝国，很快又分裂成几个王朝以后，由托勒密王朝的国王下令整理他的著作，并以他的名字集成《希波克拉底文集》公开出版的。

另外，希波克拉底还有一个很重要的贡献，那就是他的"希波克拉底誓言"，这个誓言比孙思邈的"大医精诚"早了1000多年。不过在2000多年前的"希波克拉底誓言"及孙思邈的"大医精诚"中，难免都带有一些迷信的成分，但他们两个提出的总体精神都是关于医务人员的道德、言行等自律的行为规范。

---

① 罗伊·波特.2000.剑桥医学史.张大庆，李志平，刘学礼，等译.长春：吉林人民出版社：81.

② 罗伊·波特.2000.剑桥医学史.张大庆，李志平，刘学礼，等译.长春：吉林人民出版社：80.

③ 罗伊·波特.2000.剑桥医学史.张大庆，李志平，刘学礼，等译.长春：吉林人民出版社：84.

## 第四章 医生来了

希波克拉底以后又过了大约400年，到了公元100年左右，欧洲文明从古希腊时代走进了古罗马时代，此时的古罗马帝国正值鼎盛时期。西方传统医学也进入了一个新的巅峰期，一位医学大师来了，他的名字叫盖伦（129—216）。波特教授是这样介绍盖伦的：

盖伦生于一个富有的建筑师之家，在公元145—156年从医之前，曾受过希腊文学和哲学的良好教育。他经过10年学习（可以说是相当长时间），包括在亚历山大城至少4年的学习。在那里他学习了解剖学、外科学、药物学，以及希波克拉底医学等众多知识。他在帕加蒙做了一段角斗士的医生之后，于162年来到罗马，并很快成名。①

他生活的时代和张仲景几乎同时，相差约20年。在张仲景玩伤寒、玩杂病的时候，盖仑除了当御医看病之外，他还玩出了一个综合的医学体系。

作为一个多产的作家和雄辩家，盖仑主宰了后来的医学史。他根据希氏②文集、柏拉图和亚里士多德等人的思想，创立了一个医学综合体系。创造性地构筑了1700年间未受挑战的希氏医学的框架。他继承了柏拉图的心、肝、脑三大身体系统与精神状态相结合的观点；继承了亚里士多德实践研究与科学逻辑相统一的观点。从所有这些理论体系中，形成了做一个好医生必须学习哲学以及理论和实践相结合的主张。他将他的许多文章中经常体现的这种思想讲授给他的助手，或在公开的辩论会或私人聚会中宣扬。③

另外，盖仑还致力于人体解剖的研究，写了有史以来第一部解剖学著作《论解剖规律》。对此，波特教授在《剑桥医学史》中这样写道：

他的另一个重要主张是对作为了解人体的基础即解剖学的恢复，这是他追溯希波克拉底和柏拉图的一种意图。由于他接受过复兴的亚历山

---

① 罗伊·波特.2000.剑桥医学史.张大庆,李志平,刘学礼,等译.长春:吉林人民出版社：96.
② 即希波克拉底。
③ 罗伊·波特.2000.剑桥医学史.张大庆,李志平,刘学礼,等译.长春:吉林人民出版社：98.

大传统解剖学的训练，他用猪、羊、无尾猴等做了一系列脊髓实验，而且每次都是公开解剖，以期得到对外科学更好的理解。他毫不留情地对埃拉吉斯拉特机械论观点进行抨击，他曾以歌颂神灵的创造者的深谋远虑和无穷智慧的赞美诗来结束他的一篇解剖学文章。他说，那些相信奇迹的像犹太教徒和基督教徒一样的人们崇拜变幻莫测的上帝，不管他们的德行怎样感人，他们都可能因为愚笨而成为有罪之人[1]。

虽然是一位医生，但由于盖伦对医生在哲学、逻辑学和科学思想上修养的重视，所以由盖伦创建的医学体系，不仅限于是凭经验看病、治病的医术，同时是一种思想体系。这个思想体系是敢于挑战权威、挑战神学、具有极强的批判精神和创新精神的体系。

逐渐地，欧洲进入中世纪：

不论是基督教还是犹太教，都主张由宗教将整个社会统摄起来的理念，包括医学在内的所有事物有其特定的地位，由此宗教教义和宗教当局可以直接干涉过去所谓纯粹的非宗教的事物。例如，让病人安详地死去，升入天堂，获得永生，对病人来说是非常重要的，因此，常常让一位神父同时还有一位医生守护在病人的病榻旁[2]。

就这样几百年过去了，西方医学的历史逐渐来到了10世纪，那时是中国的北宋时代。这时阿拉伯的医学开始对欧洲医学产生影响。公元前4世纪，亚历山大大帝征服了几乎整个中东地区，从拜占庭到两河流域、伊朗高原、阿拉伯半岛、阿富汗、帕米尔高原一直到印度，开始接受希腊文化的影响。广大的中东地区纷纷接受希腊的哲学和科学思想，大量的古希腊著作被翻译成阿拉伯文。学习了古希腊的阿拉伯人，他们的医学从10世纪开始反过来给欧洲医学带来影响。其中有一位影响欧洲几个世纪的医生，他就是波斯医生阿维森纳。阿维森纳不仅是医生、医学家，还是科学家和哲学家。他一辈子写了200多部著作，最著名的

---

[1] 罗伊·波特.2000.剑桥医学史.张大庆，李志平，刘学礼，等译.长春：吉林人民出版社：99.

[2] 罗伊·波特.2000.剑桥医学史.张大庆，李志平，刘学礼，等译.长春：吉林人民出版社：101.

是《哲学、科学大全》。他的医学著作《医典》是希波克拉底和盖伦医学的继承和延续。阿维森纳的《医典》是12—18世纪欧洲很多大学都采用的医学教科书。"倘若希波克拉底和盖伦在世，也会向这部医著呈现敬意。"①

欧洲从11世纪开始有了大学（第一所大学是意大利的博洛尼亚大学，1088年建立），很快大学里开始教授医学课程。不过，大学教育也是逐步发展和完善的。一开始学医的学生很少，"多数大学10年间仅有一两名医学毕业生。"②这种情况随着医学的发展在逐渐地改变。一两百年过去以后，情况发生了很大的变化。

中世纪大学医学教育确实是重思考重理论。然而，它也提倡对于健康与疾病的正确认识必须首先了解人体基本结构，同时，也对一些医学问题进行了更科学的探索，这些都是明智之举。在13世纪，大学里的教师既是内科专家，又是传授知识的授业者，如博洛尼亚的阿尔德洛帝、蒙特利尔大学的阿纳尔德，他们学识非常渊博，令人尊敬。15世纪后，他们的后继者则更加重视理论的实践基础，他们将课堂教学与临床实习紧密结合起来。许多大学尤其是德国一些大学的条例规定，医学生必须经过一段时间严格的实习后方可获得学位，但是否确实实施则另当别论。③

时间到了15世纪，这时欧洲悄悄兴起了文艺复兴运动，文艺复兴运动的精髓就是批判精神。批判精神和由批判精神带来的创新精神，又为西方带来了16世纪哥白尼引领的科学革命，到17世纪时自然科学已经在西方迅速发展起来。此后人们对自然和人体全新的、科学的认识对医学不断产生影响，并且改变着西方的传统医学。1616年，英国医生哈维第一次提出了关于血液循环系统的学说。哈维关于血液循环系统的这一发现，成为西方传统医学走向现代医学的标志。从17世纪开始，西

---

① 格儒勒.2010.阿维森纳医典.朱明主译.北京：人民卫生出版社：1.
② 罗伊·波特.2000.剑桥医学史.张大庆，李志平，刘学礼，等译.长春：吉林人民出版社：119.
③ 罗伊·波特.2000.剑桥医学史.张大庆，李志平，刘学礼，等译.长春：吉林人民出版社：121.

方传统医学逐渐消失，代之以我们称为西医的、科学的现代医学。

我们叫西医的科学医学，并不是西方人也不是阿拉伯人创造的。西医是西方人还有阿拉伯人吸收了不同国家、不同民族包括中国传统医学的精髓，是整个人类智慧共同创造的，而且至今还在不断改变和进步的科学系统。希伯来大学的克莱·佛兰克在为朱明教授翻译的中文版《阿维森纳医典》所作的序言里这样写道：

《医典》共分为五部分，它不仅汲取了古希腊医学框架体系，而且达到了当时阿拉伯医学的最高水平，其内容并与中国医药学相关。例如《医典》第二部书中就记载有16味从中国进口的中药；第一部书中脉学部分也与中医脉学极其相似。①

所以，并没有一个叫作西医的医学，只有全人类共同创造的科学医学。

再来看看另一个文明古国印度的传统医学。印度也有很古老的传统医学，叫"阿输吠陀"。梵语"阿输"是生命的意思，"吠陀"是知识的意思，所以"阿输吠陀"的意思就是生命之学。与中国传统中医一样，"阿输吠陀"不仅仅是医学，"古代印度的医学，具有较今日所言医学远为广泛的含义……古代印度的医学，构成了通常所说的自然科学，尤其是广义自然科学的原始内核"②。和中国郎中有四大医书差不多，印度郎中读的医学经典主要有两本：一本是《阇罗迦集》，一本是《妙闻集》，这两本医学经典据说都有几千年的历史。不过就像印度总是给人以神秘感一样，他们的传统医学，也就是"阿输吠陀"也比较特别。印度传统医学在经历了几千年的传承和发展以后，分出了几个不同的体系，从最原始的"阿输吠陀"分出了"顺势疗法""瑜伽""生命化学疗法""异物疗法""尤那尼""自然医学"等。

近代以来，由于欧洲的人类文化学者对亚洲文明的关注，阿输吠陀的价值似乎被重新发现——但这主要是从历史文化遗产的角度来加以审视。③

---

① 格儒勒. 2010. 阿维森纳医典. 朱明主译. 北京：人民卫生出版社：i.
② 廖育群. 2002. 阿输吠陀印度的传统医学. 沈阳：辽宁教育出版社：21.
③ 廖育群. 2002. 阿输吠陀印度的传统医学. 沈阳：辽宁教育出版社：27.

由于印度特殊的种姓社会结构，印度人分成两大阶层，医学也逐渐分为两部分。尤那尼医学是为高种姓人服务的医学，这是一种受欧洲希波克拉底和盖仑医学思维影响的印度医学。而和中国的中医类似的印度传统医学，也就是"阿输吠陀"，逐渐成为只为低种姓人服务的医学。随着社会和经济的进步，印度的种姓差别越来越小，"阿输吠陀"也渐渐衰落。近代"阿输吠陀"虽然又重新受到重视，但也只是人类学学者从历史和文化遗产的角度对其加以审视和研究，如今印度人已经基本不再使用传统"阿输吠陀"的治疗方式。

## 四、四气调神与气候水土

古代的医生看病都喜欢聊天气，中国的《黄帝内经》聊，古希腊的希波克拉底聊，印度的"阿输吠陀"也聊。那中国医生和外国医生聊的天气是不是一样的呢？下面我们来做个比较。

先看中国。中国最古老、最经典的医书就是《黄帝内经》。据说这本书最早是战国时代的人写的，不过最早见于文字记载却在几百年以后的《汉书·艺文志》中。《汉书·艺文志》出自东汉的班固，他生活在公元1世纪。所以无论如何，《黄帝内经》已经有2000年左右的历史了。这本书分为《素问》和《灵枢》两大部分。咱们看看里面是怎么聊天气的。

《素问》里有几篇大论聊的都和天气有关，咱们看第一卷中的《四气调神大论篇》。所谓的"四气调神"应该就类似于现在说的四季养生，四气是指四季不同的气候，调神应该就是古代说的养生。咱们看看黄帝时代的四季是怎么养生的：

春三月，此谓发陈。天地俱生，万物以荣，夜卧早起，广步于庭，被发缓形，以使志生，生而勿杀，予而勿夺，赏而勿罚，此春气之应，养生之道也；逆之则伤肝，夏为寒变，奉长者少。①

　　这一段黄帝讲的是四季里的春天，他说春天的三个月叫"发陈"，"发陈"这个词的意思应该是去年（"陈"是上一年的意思）的种子开始发芽（发）。天地都复苏了，万物欣欣向荣。这个时节应该睡得晚、起得早，多在外面走走，慢节奏地活动，可以恢复憋了一冬天的志气。这个时节可以生、不可以杀，可以给予、不可以夺取，可以奖赏、不可以惩罚，这些就是春天需要知道的，是养生之道。如果不按照前面说的做，就会伤肝，夏天会变得像冬天一样冷，能长寿的人很少。后面黄帝还聊了夏三月、秋三月、冬三月的情况，其中提出了四季的四种养生之道，也就是"春气之应，养生之道也，逆之则伤肝""夏气之应，养长之道，逆之则伤心""秋气之应，养收之道也，逆之则伤肺""冬气之应，养藏之道也，逆之则伤肾"。那什么是养生、养长、养收和养藏，为什么逆之就伤肝、伤心、伤肺、伤肾呢？黄帝接着说道：

　　夫四时阴阳者，万物之根本也。所以圣人春夏养阳，秋冬养阴，以从其根，故与万物沉浮于生长之门，逆其根则伐其本，坏其真矣。故阴阳四时者，万物之终始也，死生之本也，逆之则灾害生，从之则苛疾不起，是谓得道。道者，圣人行之，愚者佩之。从阴阳则生，逆之则死；从之则治，逆之则乱。反顺为逆，是谓内格。是故圣人不治已病治未病，不治已乱治未乱。②

　　黄帝说，是阴阳的变换造就了四季，这是万物的根本，是老根也。"夫四时阴阳者，万物之根本也"，所以圣人春天和夏天养阳，秋天和冬天养阴，这样做就是为了遵循这条老根，"所以圣人春夏养阳，秋冬养阴，以从其根"。万物都会在生死的大门之间沉浮（沉浮就是有生有死的意思），是因为逆着阴阳这条老根，"故与万物沉浮于生长之门，逆其根则伐其本，坏其真矣"。所以阴阳四季是万物始终，是生死的老根，逆着这条老根，灾害就会发生，顺着则疾病灾害都不会发生，懂得这些

---

① 浙江书局辑刊．1986．黄帝内经素问．王冰补注 // 二十二子．上海：上海古籍出版社：876．
② 浙江书局辑刊．1986．黄帝内经素问．王冰补注 // 二十二子．上海：上海古籍出版社：877．

就叫作得道,"故阴阳四时者,万物之终始也,死生之本也,逆之则灾害生,从之则苛疾不起,是谓得道"。最后黄帝是这样总结的,圣人是懂得这些的,所以圣人不治已经病了的病,而是治还没生病以前的病;不是治理已经乱了的社会,而是治理还没有乱以前的社会,"是故圣人不治已病治未病,不治已乱治未乱"。这就是传说中的中国的阴阳理论和治未病的理论。其实这里黄帝言之凿凿地说了半天,最主要的思想和现在养生保健的思想是一样的,如果想身体健康,就要根据气候的变化防患于未然,在还没有生病的时候,做到未雨绸缪。治未病并不是说得了病就不给治了,就像感冒以前黄帝叫你喝预防的药,真感冒了黄帝也不会不管你,真感冒黄帝还是要给你看病的。真感冒怎么看呢?

《黄帝内经》卷四《诊要经终论十六》谈了黄帝怎么给人治病的事情:

黄帝问曰:诊要何如?岐伯对曰:正月二月,天气始方,地气始发,人气在肝。三月四月天气正方,地气定发,人气在脾。五月六月天气盛,地气高,人气在头。七月八月阴气始杀,人气在肺。九月十月阴气始冰,地气始闭,人气在心。十一月十二月冰复,地气合,人气在肾。①

这一段是黄帝和岐伯的对话。黄帝问岐伯,医生是怎么诊断的呢?岐伯说,一二月,一年开始,地气上来了,这时候人气在肝。三四月,地气已经发出来,人气在脾。五六月,地气已经很高,人气在头上。七八月阴气开始来了,人气在肺。九十月阴气都造成结冰,人气在心。十一十二月冰天雪地,人气在肾。什么叫人气呢?大概是人最容易得病的地方吧!也就是一二月比较容易得肝病,三四月脾脏容易得病,如此等等。这一段其实就是以黄帝和岐伯对话的方式,告诉大家如何诊断。那诊断出毛病又怎么治疗呢?咱们接着往下读。

故春刺散俞,及与分理,血出而止。甚者传气,间者环也。夏刺络俞,见血而止。尽气闭环,痛病必下。秋刺皮肤循理,上下同法,神变

---

① 浙江书局辑刊.1986.黄帝内经素问.王冰补注//二十二子.上海:上海古籍出版社:892.

而止。冬刺俞窍于分理，甚者直下，间者散下。春夏秋冬，各有所刺，法其所在。春刺夏分，脉乱气微，入淫骨髓，病不能愈，令人不嗜食，又且少气……①

前面岐伯说了什么季节身体的哪个部位容易出问题，出了问题怎么办呢？他说，所以春天要刺散俞，什么叫"刺散俞"？就是用针围着俞穴刺好多下，直到出血，"故春刺散俞，及与分理，血出而止"。根据患者的情况来决定针多留一会，还是拔出来，"甚者传气，间者环也"。夏天就要刺络俞穴，俞穴有好几个，按照经络分布，所谓经络和经纬的概念是一样的，也是扎出血为止，"夏刺络俞，见血而止"。这样邪气就都被赶出去了，病一定会好，"尽气闭环，痛病必下"。后面还有秋天和冬天该怎么扎针，最后岐伯说，春夏秋冬各个季节扎的针不能搞混，如果春天的针夏天扎，脉搏就会乱、气也短了、病入骨髓，好不了了，等等，所以一定要春天扎春天的针、夏天扎夏天的针，不能乱了。

这些是《黄帝内经》里聊的天气和养生及不同季节生病的针灸疗法。下面看看古希腊的医生，他们诊断看病是怎么聊天气的。

我们已经知道，古希腊有一本医书《希波克拉底文集》，《希波克拉底文集》里也有聊天气的吗？还真有，其中《气候水土论》聊的就是天气对疾病的影响，看希波克拉底怎么聊。

在一年的不同季节，无论寒冬还是盛夏，他们将会预告什么流行病将袭击该城。同样，他也能知道，随着生活方式变化，哪些人会得什么特殊病。由于知道季节的变化和星辰出没，了解各种现象发生的环境条件，他还会预知下一年的气候和疾病流行特点。②

这里希波克拉底说的虽然也是气候对疾病的影响，不过和黄帝说的不太一样。他不是告诉大家每一种气候一定要干什么，像黄帝告诉我们的，春天一定就养生，一定人气在肝，一定要春刺散俞；夏天一定就养长，一定人气在头，一定要夏刺络俞等。希波克拉底告诉大家的是，寒冬和盛夏的来临会预告不同的疾病可能流行，大家要有所准备。而冬天

① 浙江书局辑刊. 1986. 黄帝内经素问. 王冰补注 // 二十二子. 上海：上海古籍出版社：892.
② 希波克拉底. 2007. 希波克拉底文集. 赵洪钧，武鹏译. 北京：中国中医药出版社：16.

容易感冒发烧,夏天容易得痢疾这样的话他都没说。不过希波克拉底这样说,和古希腊当地的气候也有很大的关系。希腊和中国的中原地区虽然纬度差不多,但是希腊是海洋性的地中海气候,和中国中原一带四季分明的气候特点不一样。地中海气候也有四季,但有个特点,那就是夏天炎热干燥,冬天潮湿多雨。希波克拉底不但强调寒冬和盛夏,会预告有什么流行病发生,还强调了另外一件事,那就是生活方式。什么是生活方式呢?《黄帝内经》里"夜卧早起,广步于庭"是指睡眠和运动,睡眠和运动就是生活方式的两个方面。但希波克拉底没有说具体什么生活方式,为什么呢?因为生活方式不是一个固定的模式,而是因人而异的。孩子、大人,年轻人、中年人、老年人,男人、女人,胖人、瘦人,这些不同的人的生活方式是不一样的。但是无论什么样的人、什么样的生活方式,季节变化时都会有变化,所以这个时候要注意,不要因为季节的变化带来疾病。希波克拉底对生活方式和季节变化关系的描述,不是每个季节一定要做什么,而是告诉大家需要考虑到这种变化,是一种思维,不是具体的方法,因为方法每个人是不完全一样的。

  此外,在这几句话里希波克拉底还告诉大家另外一件事,那就是气候的变化和星辰出没的关系。气候和星辰出没有什么关系呢?其实就是了解季节的变化。因为古代不像现在,现在日历都在每个人的脑子里,不需要看日历,就知道什么季节要来了,实在忘了,看看手机就全解决了。古代没有那么方便,在希波克拉底的时代可能日历还十分不普及,所以看季节最简单、最便利的方法就是看星辰。那么当人们看到预示着那个季节来临的星星时,也就可以知道什么样的病可能会流行。

  由于知道季节的变化和星辰出没,了解各种现象发生的环境条件,他还会预知下一年的气候和疾病流行特点。[①]

  接着希波克拉底又写道:

  对这种模式研究观察以后,医生便能预知一般规律。人们应该特别注意防范四季中最剧烈之气候变化……医生还应该警惕星辰升落的日

---

[①] 希波克拉底.2007.希波克拉底文集.赵洪钧,武鹏译.北京:中国中医药出版社:16.

子，特别是大犬座升起时，其次是大角星升起时，还有昴宿降落时。这些时候疾病最容易出现分利。①

这里说的大犬座、大角星、昴宿等不是神话故事，大犬座升起时，是指初冬季节，大角星升起时是指初夏季节，昴宿降落时是指初秋季节。由于地中海气候夏季炎热干燥、冬季潮湿多雨，所以在冬、夏还有秋季来到之前，气候变化特别大，病情最容易发生变化，如果是已经生病的患者，病情有可能会加重。

希波克拉底说的这些很容易理解，而且他不是告诉大家每个季节必须做什么、不能做什么，而是给大家各种建议。事实上也是如此，四季变化带来的无论是医学还是养生的问题，每一年的情况都是不一样的，是不断变化的，需要自己根据当时的情况做出判断。一个好的医生不会告诉你四季一定要做什么，而是建议你四季要注意什么，"应该特别注意防范四季中最剧烈之气候变化"。

在医学的诊断方面，希波克拉底和中国传统医学还有一个相似的地方，那就是像中国的阴阳理论一样，希波克拉底也非常注重人与人体以外的世界，甚至和宇宙之间的关系。《希波克拉底文集》里有一篇谈论人的身体的文章《自然人性论》，希波克拉底认为：

人体内有血液、黏液、黄疸液和黑胆液，这些要素决定了人体的性质。人体由此而感到痛苦，由此而赢得健康。当这些要素的量和能互相适应结合，并且充分混合时，人体便处于完全健康状态。当这些要素之一太少或过多，或分离出来不与其他要素化合时，人体便感到痛苦。②

这是人体内，还有人体外呢？

这种四体液系统被看作希波克拉底自己创立的，后来又扩展为土、气、火、水四元素；四个季节；热、冷、湿、干四种特质；人的四个年龄段；四种精神状态（或气质）。它以更广阔的宇宙背景，为更好地理

---

① 希波克拉底.2007.希波克拉底文集.赵洪钧，武鹏译.北京：中国中医药出版社：23.
② 希波克拉底.2007.希波克拉底文集.赵洪钧，武鹏译.北京：中国中医药出版社：210.

解疾病与健康中的人,同时也为解释疾病的特性提供了理论基础。①

希波克拉底这样解释健康与疾病的特性,虽然也是以人体内部与人体以外的关系为依据,但和中国疾病与阴阳之间的关系还是不一样。希波克拉底的四体液、土、气、火、水;四个季节、热、冷、湿、干;以及人的四个年龄段和精神状态,不是他创造的概念,这些关系没有脱离客观的和经验的认识。

从这些比较中可以看到古希腊传统医学和中国传统医学观念的不同。另外,《希波克拉底文集》作为古希腊最早的医学著作,与同样是中国最早医学著作的《黄帝内经》还有一个不一样的地方,那就是《黄帝内经》里讲的诊断和治疗方法,几千年来都管用,直到今天中医还在学习《黄帝内经》里的诊断和治疗方法。而《希波克拉底文集》在医学治疗上的作用却随着人类文明和科学的进步逐渐消失了。但是,《希波克拉底文集》的精神保留了下来。希波克拉底医生的精神、生命力是永恒的。所以虽然希波克拉底的医学消失了,但是希波克拉底留下的思维方法一直到今天还有效,甚至是永存的。

下面再看看印度医生怎么聊天气。

印度传统医学阿输吠陀的经典之一是《妙闻集》,这本书和中国的《黄帝内经》也有相似之处,那就是它也是印度最早的医书。该书最初可能是由公元前6世纪左右的人写的,但是直到公元2世纪才最终编纂成书。该书里有一篇《季节养生》,聊的也是四季和疾病之间的关系。印度和中国由于地理位置不同,季节变化也不一样,而且印度不是春夏秋冬四季,而是分为六个季节,即冷季、春季、夏季、雨季、秋季和冬季。这篇文章分别描述了这六个季节对人的影响和可能会患何种疾病,然后在最后这样总结道:

在任何一个季节,如果出现了不可预知的突然变化,都必须根据情况修正养生方法……人不是机器!机械地遵照"每日生活方式""季节的生活方式",是毫无意义的……在充分考虑年龄、性别、土地、体力、

---

① 罗伊·波特.2000.剑桥医学史.张大庆,李志平,刘学礼,等译.长春:吉林人民出版社:90.

消化力、体质、精神的健康状况，乃至其人的总体健康状况后，必须由医生对"每日生活方式""适应季节的生活方式"加以修正。①

　　印度传统医学更反对理想化的判断，不认为有理想的"每日生活方式""季节的生活方式"。因为人不是机器，没必要机械地遵照什么，而是要根据实际情况，根据患者体质去制定治疗方法和修正已有的治疗方法。这和黄帝的教导"从阴阳则生，逆之则死；从之则治，逆之则乱"是不一样的，甚至是大相径庭的。

　　通过这些比较我们可以看出，东西方包括印度的传统医学，医生们看病虽然都聊天气，但是完全不一样。为什么会这样呢？原因就是东西方的思维方式不同，印度传统医学接近西方的思维。

　　东西方思维方式如何不同呢？

　　中国传统医学的思维是从哪儿来的呢？像《四气调神大论》里说的"春三月，此谓发陈。天地俱生，万物以荣，夜卧早起，广步于庭"②，这些应该是医生从观察和经验中总结出来的。但是"故阴阳四时者，万物之终始也，死生之本也，逆之则灾害生，从之则苛疾不起，是谓得道"等这样的道，医生是观察不到的，经验中也是没有的，那这些思维是从何而来的呢？这就和中国传统的哲学思想及中国传统的宇宙观、认识论紧密相关了。宇宙观、认识论还有哲学思想，都是做学问的人玩的，医学思维是医生给患者看病的思维，与宇宙观、认识论会有什么联系呢？宇宙观、认识论虽然和医学没有直接关系，但是每个人想问题的时候都离不开思考，而每个国家或者民族在不同的历史时期及不同的社会状态下，都会有不同的想问题的习惯和传统，所谓宇宙观、认识论就是各个国家或者民族的哲学家，如中国的孔子、老子等，从这些习惯和传统思维里总结出来的。那中国传统的宇宙观和认识论是什么呢？中国传统的宇宙观就是《易经》中推崇的阴阳世界，中国人传统的认识论之一就是中国古代最爱玩的五行相生相克理论。冯友兰认为，"五行学说解释了宇宙的结构，但是没有解释宇宙的起源。阴阳学说解释了宇宙的起

---

① 廖育群.2002.阿输吠陀印度的传统医学.沈阳：辽宁教育出版社：363.
② 浙江书局辑刊.1986.黄帝内经.高保衡补注//二十二子.上海：上海古籍出版社：876.

源"①。现在我们知道，阴阳五行并不是科学的解释，中国传统思维里阴阳五行的宇宙论和认识论都是赖欣巴哈说的，是在还不具备科学解释以前，用想象得到的假解释。不过，这样的解释却贯穿于中国传统医学的思维里，一直到今天。它是如何贯穿的呢？咱们来读书。

《黄帝内经》中，《素问》是关于一般医学理论的，《灵枢》主要是关于针灸的理论。《素问》里大概有26篇文章，除了前面说过的《四气调神大论》，还有《热论》《咳论》《痹论》《调经论》《标本病传论》等，从这些题目中我们可以知道每篇文章探讨的大概是什么问题，不过里面还有一些文章，从题目中就不太容易看出在谈论什么问题了，比如《上古天真论》《生气通天论》《金匮真言论》《阴阳应象大论》《灵兰秘典论》《六节脏象论》《五脏别论》《异法方宜论》《移精变气论》《玉机真藏论》《八正神明论》等，乍看上去都不知是聊什么内容的。下面我们读几段。

《黄帝内经·素问》第一卷中的《上古天真论》开篇这样写道：

昔在黄帝，生而神灵，弱而能言，幼而徇齐，长而敦敏，成而登天。②

这些话是什么意思呢？这几句是在夸黄帝，说他是神童，生下来就会说话，很小的时候就会读书，稍微大一点就已经聪明透顶，所以他长大能当黄帝。这些话肯定不是事实，而是一种理想，人们希望我们伟大的黄帝是这样一个生而知之的人。接着《上古天真论》中又写道：

乃问于天师曰：余闻上古之人，春秋皆度百岁，而动作不衰；今时之人，年半百而动作皆衰者，时世异耶？人将失之耶？岐伯对曰：上古之人，其知道者，法于阴阳，和于术数，饮食有节，起居有常，不妄作劳，故能形而神俱，而尽终其天年，度百岁乃去……③（图4-4）

这几句是说，黄帝问天师，我听说上古时代的人能活到百岁，还不会衰老，可是今天的人，50岁就已经衰老得不行了。这是因为时代不同了，还是人不如以前了？然后岐伯回答，上古时代懂得道的人，会依照

---

① 冯友兰. 2010. 中国哲学简史. 涂又光译. 北京：北京大学出版社：118.
②③ 浙江书局辑刊. 1986. 黄帝内经素问. 王冰补注 // 二十二子. 上海：上海古籍出版社：875.

乃问于天师曰：余闻上古之人，春秋皆度百岁……今时之人，年半百而动作皆衰者……岐伯对曰：上古之人，其知道者，法于阴阳，和于术数……度百岁乃去。

图 4-4　黄帝与歧伯

阴阳之道，饮食有节制，起居正常，不干荒唐事儿，所以像神仙一样，可以活到上天规定的岁数，活100岁才死。在黄帝以前的时代，懂得道的人能活100岁，这个说法显然是一种想象。根据考古学家的研究，新石器时代，人的平均寿命只有19.99岁[1]。《黄帝内经》里之所以说"上古之人，春秋皆度百岁"，一方面原因是古人对更古老时代人的健康和寿命有一种理想化的想象和期望；另一方面是出自尊古贱今的思维习惯，往往认为古代比现在好。实际情况是相反的，人类社会是与时俱进的，人类的平均寿命同样是随着文明的进步慢慢增加的，也就是说，越是古代，人的平均寿命越短。根据人类学家的研究，中国人到了汉朝平均寿命只有22岁，黄帝时代人的平均寿命肯定更短，黄帝以前，人类还在处于茹毛饮血的时代，那就更可想而知了。而几千年以后，世界卫生组织2016年发布的2015年版《世界卫生统计》报告，中国在此次报告中的人口平均寿命为：男性74岁，女性77岁。所以无论是黄帝"生而神灵，弱而能言"，还是"上古之人，春秋皆度百岁"，都是违反常识的，只是古人理想化的一种想象和期望。而《黄帝内经》作为一部医学经典，郑重其事地把这些违反常识的事情写上去，一是受到尊古贱今思维的影响，再有一个就是出于强烈的理想化思维，就是赖欣巴哈说的，"当科学解释由于当时的知识不足以获致正确概括而失败时，想象就代替了它"[2]。

中国传统医学除了相信有一个阴阳之道之外，中国传统宇宙观中的阴阳理论对中国传统医学还会有什么影响呢？除了前面《四气调神大论》中提到的阴阳理论，在《黄帝内经》第二卷还有一篇专门论述阴阳的《阴阳应象大论》。在这篇大论里，黄帝对阴阳做了更多的描述：

阴阳者，天地之道也，万物之纲纪，变化之父母，生杀之本始，神明之府也，治病必求于本。故积阳为天，积阴为地。阴静阳躁，阳生阴

---

[1] 辛怡华. 2010. 东灰山、三星村、平洋等墓地与新石器时代几处墓地人口平均寿命的比较. 华夏考古,(4): 58-70. 原文为"中国新石器时代居民的平均期望寿命为19.99岁。随着墓地年代愈晚，其人口平均期望寿命有延长的趋势。在大约3000年的历史进程中，新石器时代居民的平均期望寿命延长了2.66岁。"

[2] H. 赖欣巴哈. 1983. 科学哲学的兴起. 伯尼译. 北京：商务印书馆: 11.

长，阳杀阴藏。阳化气，阴成形……①

这些话仔细读一下，其实和《四气调神大论》中的"夫四时阴阳者，万物之根本也。所以圣人春夏养阳，秋冬养阴，以从其根，故与万物沉浮于生长之门，逆其根则伐其本，坏其真矣。故阴阳四时者，万物之终始也，死生之本也，逆之则灾害生，从之则苛疾不起，是谓得道"是一样的。从这两篇大论中我们可以看出，中国传统医学对阴阳理论是何等的期待。

这样的期待在《上古天真论》里还有一段更加充满想象的描述：

中古之时，有至人者，淳德全道，和于阴阳，调于四时，去世离俗，积精全神，游行天地之间，视听八达之外。此盖益其寿命而强者也，亦归于真人。②

现在我们都知道，这里说的中古之时，具有"淳德全道，和于阴阳""游行于天地之间，视听八达之外""真人"的时代，是没有存在过的，是黄帝想象出来的。考古学家发现的仰韶文化和这里说的时代也许是同时的。所以，黄帝的这些说法并不是依据考古学的事实，而是依据他心中的希望和期待，希望在那个中古之时，有"淳德全道，和于阴阳"的"真人"。于是，这种从《阴阳应象大论》《上古天真论》的宇宙观里琢磨出来的希望和期待，便成为中国传统医学里所有医生的终极目标。

阴阳是中国传统的宇宙观，而五行理论则是中国传统的认识论，并且被大量运用在了中国传统医学之中。《黄帝内经》中谈五行的篇章很多，读一段卷十九《天元纪大论篇》：

夫变化之为用也，在天为玄，在人为道，在地为化，化生五味，道生智，玄生神。神在天为风，在地为木；在天为热，在地为火；在天为湿，在地为土；在天为燥，在地为金；在天为寒，在地为水；故在天为气，在地成形，形气相感而化生万物矣。③

---

① 浙江书局辑刊．1986.黄帝内经素问．王冰补注//二十二子．上海：上海古籍出版社：880.
② 浙江书局辑刊．1986.黄帝内经素问．王冰补注//二十二子．上海：上海古籍出版社：876.
③ 浙江书局辑刊．1986.黄帝内经素问．王冰补注//二十二子．上海：上海古籍出版社：947.

这里说的"在天为玄，在人为道，在地为化，化生五味"，意思是天道在天就是玄，在人身上就是道，在地上就是五味，什么是五味？接着往下读《五运行大论篇》：

神在天为风，在地为木……在天为热，在地为火……在天为湿，在地为土……在天为燥，在地为金……在天为寒，在地为水。①

原来五味如果在天，就是风、热、湿、燥、寒，五味如果在地就是木、火、土、金、水。在人呢？那就是五脏。五行认识论从天、地降落到了人身上。

不过有个问题来了，医学是治病救人的，医学的理论无论是跳大神还是客观的诊断，都来自医生看病的经验，可是《黄帝内经》里"法于阴阳，和于术数，饮食有节，起居有常，不妄作劳""和于阴阳，调于四时，去世离俗，积精全神""在天为玄，在人为道，在地为化，化生五味"等这些说法和理论，与看病的经验相去甚远，黄帝是怎么琢磨出来，怎么玩出来的呢？我们在读《黄帝内经》里那些玄妙的理论时会发现，这些话和"一阴一阳谓之道，继之者善也，成之者性也"，还有"广大配天地，变通配四时，阴阳之义配日月，易简之善配于德""乾，阳物也；坤，阴物也。阴阳合德而刚柔有体。以体天地之撰，以通神明之德"等非常相像，这些话是谁说的？这些话就是孔子等儒家学者对《易经》所做的宇宙论、形而上学的解读，就是《易传》里的内容。所以，中国传统医学里那些玄妙的理论，其实都来自《易经》的理论，来自中国古代的宇宙观，不是医生看病的时候琢磨出来、玩出来的。

从《黄帝内经》的这些篇章中可以看出，中国传统医学由于受阴阳五行等宇宙论、认识论的影响，其思考问题比较喜欢玄学的方式。中国的传统医学在历史长河里，由黄帝、扁鹊、张仲景、孙思邈等郎中积累起来的医学经验是非常丰富的，但是由于中国的传统一直没有形成一种以理性的思维建立起来的理论体系，中国的理论体系被黑格尔批评为从理性走进虚无的玄学，所以，中国传统的医学理论没有走进观察、分

---

① 浙江书局辑刊.1986.黄帝内经素问.王冰补注//二十二子.上海：上海古籍出版社：951.

析、演绎的科学体系。加之古代又没有科学、没有手机、没有 Wi-Fi，于是在漫长的古代，"脑洞"大开的古代郎中即使有丰富的经验，也被中国传统思维里神话般的阴阳、五行带进"法于阴阳，和于术数"，以及玄妙的医学理论之中。

但是各个国家的医生"玩"出来的传统医学，特点却完全不同。如何不同？区别有多大？区别还真是挺大的。

先看看古希腊。古希腊的"医圣"希波克拉底有一个很重要的贡献，那就是他的"希波克拉底誓言"。

我谨向阿波罗神、医神、健康女神、药神及在天诸神起誓，将竭尽才智履行以下誓约。

视业师如同父母，终生与之合作。如有必要，我的钱财将与业师共享。视其子弟如我兄弟。彼等欲学医，即无条件授予。口授箴言给我子及业师之子，诫其恪守医家誓词，不传他人。尽我所能诊治以济世，决不有意误治而伤人。病家有所求亦不用毒药，尤不示人以服毒或用坐药堕胎。为维护我的生命和技艺圣洁，我决不操刀手术，即使寻常之膀胱结石，亦责令操此业之匠人。凡入病家，均一心为患者，切忌存心误治或害人，无论患者是自由人还是奴隶，尤均不可虐待其身心。我行医出世中之耳闻目睹，凡不宜公开者，永不泄漏，视他人之秘密若神圣。此誓约若能信守不渝，我将负盛名，孚众望。倘违此誓或此时言不由衷，诸神明鉴，敬祈严惩。[①]

这是誓言的最后几句。誓言的总体精神和中国唐代医生孙思邈提出的"大医精诚"一样，是医学从业人员的道德、言行等自律的行为规范。2000多年后，第二次世界大战结束，在审判了德国纳粹医生的罪行以后，联合国在"希波克拉底誓言"的基础上，制定了《日内瓦宣言》，成为今天的医生、护士必须遵守的道德规范（图4-5）。

誓言的一开始如此写道：

---

① 希波克拉底.2007.希波克拉底文集.赵洪钧，武鹏译.北京：中国中医药出版社：扉页.

图 4-5 古希腊希波克拉底和"希波克拉底誓言"

吾将在阿波罗、阿斯克雷庇亚①、卫生与健康众神之前宣誓，并请男女众神为证，务求信守誓言，并为此竭尽吾之能力和智慧。②

从第二章读到的荷马史诗中我们知道，奥林匹斯山上的众神既是希腊人的保护者，也是管理者。古希腊人对众神的敬畏，有点像中国人尊敬黄帝。这句誓言就是说古希腊的所有医生，都必须服从太阳神阿波罗，要服从阿斯克勒庇俄斯等众神，要向他们宣誓，因为他们是掌管医学的众神。有了这些神，医生就必须遵守医德，否则太阳神阿波罗及其他神就会灭了你！但是太阳神阿波罗及其他神都不是医生，具体治病的事情他们不管。这是古希腊神医学的特点。

《希波克拉底文集》分为很多卷，其中除了前面说的《气候水土论》，还有《古代医学论》《流行病论》《营养论》《预后论》《急性病摄生论》《呼吸论》《外科论》《溃疡论》《痔论》《瘘论》《骨折论》《关节论》《健康人摄生论》《体液论》等纯粹医学的篇章。此外，还有《箴言论》《神圣病论》《艺术论》《法则论》《自然人性论》《格言医论》《梦论》等带有哲学色彩的篇章。下面读《希波克拉底文集》中的几段。

在《古代医学论》开篇，希波克拉底这样写道：

试图论述医学的人们，都把冷、热、干、湿或其他可能想象到的东西假设为自己讨论的基础。他们简化了人类疾病和死亡的因果原理，并将假设的一两点论据用于所有病例。这些显而易见的错误……随处可见……对疾病的处理从各方面看都可能是偶然的。但也不尽然，正如其他艺术一样，工匠的技巧和知识都很丰富，医学中也有这种情况。因此，我认为遇到难解之谜时，比如关于天上或地下的奥秘（对它们所作的任何说明都必然应用假设），空洞假设是没必要的。一个人若要研究或论断此类问题——无论是发言者还是听众——必须弄清其叙述是真还是假。因其应用未经验证，故须查清其确实性。③

希波克拉底的神医学，在治病的时候没有因为对众神的敬畏而变得

---

① "阿斯克雷庇亚"又译为"阿斯克勒庇俄斯"。
② 罗伊·波特.2000.剑桥医学史.张大庆，李志平，刘学礼，等译.长春：吉林人民出版社：92.
③ 希波克拉底.2007.希波克拉底文集.赵洪钧，武鹏译.北京：中国中医药出版社：1.

失去理性。希波克拉底认为不应该简化人类疾病和死亡的因果关系，用想象出来的假设作为论据对疾病做出判断。他认为疾病的偶然性很强，但又不是没有规律可循。他认为治病和其他艺术一样，是经验、知识和技巧的结合。而且，他强调无论是来自医生的描述还是患者自己的描述，都要做出验证，查清确实性。希波克拉底如此理性的思维是从哪儿来的呢？从历史上看，希波克拉底的医学和中国传统医学受前辈哲学的影响是不一样的。怎么不一样呢？因为希波克拉底就是前辈。他的年龄比古希腊最著名的几位哲学家，如柏拉图、亚里士多德都要年长。不过从前面一章我们知道，古希腊最早抛弃神的思维走进理性，是从泰勒斯的米利都学派开始的，这个学派的时间比希波克拉底要早，所以希波克拉底可能会受到米利都学派及后来的毕达哥拉斯学派的影响。而古希腊后来哲学家的理性哲学，却很可能受到过希波克拉底医学思想的影响，所以，希波克拉底不但是古希腊医学的先贤，也是古希腊哲学的先贤之一。

如此说来，希腊古代智慧的结晶虽然也相信神灵，不过他们没有想象出一个像中国的阴阳、五行那样对疾病做出判断的假解释。所以，希腊古代的医学思想、他们智慧的结晶比较接近科学，甚至就是科学的。

再看看古印度，印度古代医学经典《妙闻集》第一卷第一章的题目是"吠陀的起源"，里面谈到了印度古代医学阿输吠陀的情况。

在庵室之中，围坐在至圣不灭的迦尸国王德罕温塔里周围的苏斯鲁塔等众仙人对他说："圣者啊！世间因肉体性或精神性的，偶发性或自然性的疾病，而被诸种的苦痛、伤害所袭，吾等不堪其孤立无援，痛苦哀叫的悲伤之情。为医治此等求幸福之人的病，为一己之生计，又为人类，今愿就阿输吠陀而闻师之教。现世与未来的福祉皆系于此阿输吠陀，故吾等欲为弟子，乞圣者允之。"[1]

这段话的意思和"希波克拉底誓言"差不多，是医护人员宣誓的誓词，印度医生也把神放在很重要的位置。里面说的迦尸国是指印度佛教和婆罗门教的圣地。德罕温塔里是迦尸国的国王，据说他赞成和宣扬印

---

[1] 廖育群. 2002. 阿输吠陀印度的传统医学. 沈阳：辽宁教育出版社：75-76.

度传统医学阿输吠陀，所以掌管医学的仙人们都围着这位国王说，愿意用阿输吠陀去拯救人类。这段话显然也是属于神话。不过后面谈到具体的疾病和治疗时，神话就变成对客观情况的分析了。

然赋予苦者，称之为病。病中有偶发性、躯体性、精神性、自然性之四类。其中，偶发性为因外伤引起的疾病。躯体性为因饮食物引起，或因体内体风素、胆汁素、黏液素及血液之一、二、三或全体异常性变化，导致均衡失调而引起的疾病。精神性为因怒、忧、恐、狂、喜、丧胆、嫉妒、悲叹、吝啬、肉欲、贪婪等爱憎违顺的精神性扰乱而引起的疾病。自然性是指如饥、渴、老死、睡眠，自然而生者。是等之病，以心与身为依托。作为治疗此等疾病的"因"，在于恰当地使用净化剂、镇静剂、食饵疗法及摄生法。①

古印度的智慧除了相信神以外，医生看病还是从患者本身出发，并不需要根据像中国的阴阳、五行那样的假解释去判断疾病。

从前面对中国古代、古希腊和古印度怎么看病聊天气的比较中我们可以看到，无论是中国古代玩阴阳、五行的神医学，还是外国古代不那么神的医学，千百年来都积累了大量的临床经验和观察结果，为现代医学、科学医学的到来奠定了基础。神医学最终都要走进历史，取代它的是一直在进步但仍然备受指责的科学的医学。

## 五、走出神话

世界上不同的传统医学走出神话的时间，以及经历的历程是完全不一样的。下面我们来看看古希腊和中国古代是如何从神话走进现代，以及走进科学的医学的。

古希腊的"医圣"希波克拉底开创的神医学，诞生于公元前 5 世

---

① 廖育群. 2002. 阿输吠陀印度的传统医学. 沈阳：辽宁教育出版社：78-79.

纪。希波克拉底和柏拉图生活的时代相同，希波克拉底比柏拉图年长大约 30 岁，因此希波克拉底的医学观念很可能对柏拉图的哲学产生过影响，反过来柏拉图理性的哲学对希波克拉底也会产生影响。也许是这些互相的影响，使古希腊医学比较早地走出了神话。柏拉图以后的著名哲学家兼科学家亚里士多德虽然不是医生，但是他对动植物的解剖、研究，让人们的思维从只相信神，到通过自己的观察、探索与思考去了解自然和认识世界。他强调观察和探索的科学思想对医学产生了深刻的影响。到了公元 2 世纪，古罗马医生盖仑来了，

他根据希氏文集、柏拉图和亚里士多德等人的思想，创立了一个医学综合体系。创造性地构筑了1700年来未受挑战的希氏医学的框架……他的诊断方法包括触诊、切脉……尿液观察，一切都具有清晰的逻辑性[①]。

盖仑构筑的 1700 年来未受挑战的希氏医学的框架，尽管有了很强的理性思考，但是还没有完全走出神话，所以盖仑建立的医学体系仍然属于神医学。

盖仑的医学体系在欧洲广泛传播的同时，又经过东罗马帝国的拜占庭来到了阿拉伯世界。经过几百年的时间到了公元 10 世纪，阿拉伯著名的科学家阿维森纳以自己的认识写了一本集当时阿拉伯和西方医学于大成的著作《医典》。在这部书的开始，阿维森纳总结了那个时代阿拉伯人及欧洲人的医学观念：

医学是研究人体的科学：（a）身体的各种状态，就可以看到，（i）健康态，（ii）非健康态，（b）通过怎样的途径，（i）如何失去健康，（ii）在失去健康后，又怎么进行康复。换句话说，医学是一门维护和重新恢复健康的艺术（如保持身体的健美——长长的头发，清晰的面容，正常的气味和体形）。[②]

"保持身体的健美——长长的头发，清晰的面容，正常的气味和体形"，这样的医学和神话显然已经开始渐行渐远。

---

[①] 罗伊·波特.2002.剑桥医学史.张大庆,李志平,刘学礼,等译.长春:吉林人民出版社:98.
[②] 格儒勒.2010.阿维森纳医典.朱明主译.北京:人民卫生出版社:7.

西方的传统医学经过 2000 年的不断进步，逐渐从神话中走出来，悄悄向科学的医学走去。10 世纪左右，欧洲出现了大学，12 世纪欧洲的大学开始引入医学教学，从此医学进入大学。解剖对科学的医学至关重要，不过在整个中世纪，解剖，尤其是对人体的解剖是被教会严格禁止的。不过，这种禁锢在 15—16 世纪逐渐放松，1537 年教皇克莱门特七世宣布，允许将尸体解剖应用于教学。人体解剖为科学医学的到来打开了一扇非常重要的大门。1543 年，这是人类历史上非常伟大的一个年份，因为有两件影响人类文明的大事情都发生在这一年：一件事是哥白尼的《天体运行论》出版，敲响了科学革命的钟声；还有一件事是意大利帕多瓦大学（近代物理学的开创者伽利略曾经在这里任教）的萨维里教授出版了《人体的结构》。

在巴塞尔印刷的这本图例精美的著作中，萨维里推崇观察，对盖仑学说中的许多方面提出挑战，认为盖仑的观点建立在对动物而非人的认识上。他批评了那些描绘"迷网"的医生，因为这些医生只是在盖仑的著作中看到，却从未真正在人体中见到那样的结果。他也自责曾一度轻信了盖仑和其他解剖学家的说法。[①]

从罗伊·波特评价萨维里的这段话我们可以看到，萨维里对一千二三百年来盖仑的医学体系提出了质疑，他不再轻信盖仑的所有说法，而是自己拿起解剖刀。他除了是第一个拿起解剖刀的医生之外，还是一位具有批判精神的思想家。他从自己的实际观察中发现了盖仑时代的错误，提出不能只读盖仑的书，轻信盖仑，而是要亲自观察，通过自己的观察去了解事物。他的《人体的结构》不但创造了有史以来最杰出的人体解剖图，还批判了过去权威的错误，批判了过去神科学的迷信：

萨维里的伟大贡献在于他创造了一种全新的研究氛围，并把解剖学研究建立在观察到的事实这一稳定基础之上。尽管他的著作没有惊人的发现，却引发了一场思维策略的转换。萨维里之后，对古老学说盲目信奉已丧失了它们无可置疑的权威性，后来的研究者决定把研究重点放在

---

① 罗伊·波特.2000.剑桥医学史.张大庆，李志平，刘学礼，等译.长春：吉林人民出版社：254.

精确性、亲自直接的观察。①

哥白尼的《天体运行论》和萨维里的《人体的结构》引起了一场思维策略的转换,这场思维策略的转换就是批判思维,批判思维不但吹响了西方科学革命的号角,而且吹响了西方神医学进军科学医学的号角。

解剖学的新知识彻底改变了盖仑占据世界1000多年的关于人体的认识。随着萨维里《人体的结构》的出版,更多的医生脱颖而出。1628年,英国医生哈维来了,他的著作《关于动物心脏与血液运动的解剖学研究》(也翻译为《心血运动论》)出版,该书首次提出了血液循环的理论。虽然一开始哈维的理论没有得到广泛的认可,但保守的医生仍然忠实地固守着盖仑的学说:

然而,哈维鼓舞人心的发现推动和引导着更深入的生理学研究。一大群年轻的英国研究人员继续了他在心脏、肺和呼吸方面的工作。②

哈维出版《心血运动论》以后大约20年,又有一件事改变了西方传统医学,什么事呢?那就是荷兰的列文·虎克发明了显微镜,这个发明让人们不但可以看到宏观的世界,还可以看到微观世界。列文·虎克发明显微镜以后,好奇心驱使他用自己发明的显微镜进行各种观察。于是,微生物、细菌,以及毛细血管和红细胞相继被发现。这些发现为哈维的血液循环理论提供了看得见的证据。于是哈维发现血液循环系统及列文·虎克发明的显微镜成为西方医学走出神话、最终走进科学的两个标志性事件。从哈维和列文·虎克开始,现在被我们中国人叫作西医的、科学的医学诞生了。

这是西方从古希腊希波克拉底开始的神医学逐渐走进现代、走进科学医学大致的历史历程。从这个历程中我们可以看到,对过去和已经有的医学知识的质疑和批判是真正让医学改变面貌、走进现代、走进科学的动力。

那么,中国古代的传统医学是怎么从神话向现在走来的呢?中国和

---

① 罗伊·波特.2000.剑桥医学史.张大庆,李志平,刘学礼,等译.长春:吉林人民出版社:254.

② 罗伊·波特.2000.剑桥医学史.张大庆,李志平,刘学礼,等译.长春:吉林人民出版社:257.

外国古代医学的神话不太一样。从前面提到的可以看到，外国古代神话就是神话，如古希腊的阿波罗、印度的仙人，中国古代医学里没有这样的神仙。中国的神话是受中国传统道德哲学和宇宙观的影响而形成的。中国的神医学是对过去、对古代近乎迷信的崇拜，认为古代有"淳德全道，和于阴阳，调于四时，去世离俗，积精全神，游行于天地之间，视听八达之外"的"至人""真人"。这样的神话让中国古代医学形成了一种古代比现在好的理想模式。不过，中国古代希望过去有"淳德全道"的"至人""真人"，原因是他们还没有更多的科学知识来概括医学的理论，而且也没有人相信一个普通人会是个好医生，于是就创造出这样的神话、假解释。不过，这样的神话和古希腊的阿波罗不一样，阿波罗是管理医学的神，他的作用是让古希腊的医生产生敬畏之心，不做不道德的事情，但是阿波罗不具体管医生看病的事情，阿波罗神是不会限制医生手脚的。而中国古代的"至人""真人"，虽然也是出于古人的思考，这些思考再加上阴阳五行等理论，却都和郎中看病息息相关。所以走出纯粹阿波罗式的神话相对容易一些，走出既是神话又要管着郎中看病的"至人""真人"，中国人用了2000多年的时间，甚至至今还没有彻底走出来。

我们看看中国这2000多年是怎么走的。《黄帝内经》面世以后，中国又出现了很多郎中，这些郎中不断积累着各种临床经验。东汉张仲景的《伤寒论》中就有大量关于治疗各种疾病的临床经验。张仲景生活在2—3世纪，如果把《黄帝内经》出现的时间放在公元前2世纪的西汉，那么到张仲景生活的时代，时间已经过去四五百年。四五百年以后的张仲景在为患者诊断时，会比《黄帝内经》的西汉有什么进步吗？咱们读读张仲景的《伤寒论》就知道了。

在《伤寒论》卷一《辨脉法第一》中，张仲景这样写道：

问曰：脉有阴阳，何谓也？答曰：凡脉大、浮、数、动、滑，此名阳也。脉沉、涩、弱、弦、微，此名阴也。凡阴病见阳脉者生，阳病见阴脉者死……阴脉不足，阳往从之，阳脉不足，阴往乘之。曰：何谓阳不足？答曰：假令寸口脉微，名曰阳不足，阴气上入阳中，则洒渐恶寒也。曰：何谓阴不足？答曰：尺脉弱，名曰阴不足，阳气下陷入阴中，则发热也。①

张仲景说的这些，其实都是他自己在临床诊断和治疗时，根据自己把脉的经验得到的，只不过他把这些经验都加上了阴阳理论。在第二卷《伤寒例第三》里，张仲景写了一首"四时八节二十四气七十二候决病法"歌，其中有"立春正月斗指艮，雨水正月中指寅"等，他写节气歌干什么呢？后面他接着写道："《阴阳大论》云：春气温和，夏气暑热，秋气清凉，冬气冰冽，此则四时正气之序也。"他还是要把自己从经验中得到的医学归于《黄帝内经》的阴阳之中。为什么一定要加上阴阳呢？因为《黄帝内经》认为，"和于阴阳"才是达到古代"调于四时，去世离俗，积精全神，游行于天地之间，视听八达之外"，成为"至人""真人"的最高理想。

阴阳理论是《黄帝内经》里，也是中国传统医学里一个非常核心的思想。那阴阳理论是怎么产生的呢？怎么产生的已经无从稽考，目前可以看到的最早记载阴阳理论的古籍应该是《国语》。其中，《周语》（上）有这么一段：

幽王二年，西周三川皆震。伯阳父曰："周将亡矣。"……阳伏而不能出，阴迫而不能蒸，于是有地震。②

意思是说，周幽王二年，发生了大地震，伯阳父说，周要灭亡了，为什么呢？因为阳气被压在地下不能出来，都是因为阴气太重迫使阳气不能上升。无论这个阴阳是不是有道理，都成为几千年来中国人的宇宙观，"这种思想，在中国人的宇宙起源论里直至近代依然盛行"③。阴阳理论是中国古人通过观察、归纳而来的一种理论。但阴阳只是事物表面所呈现出的一种现象，不是自然规律。比如，《灵枢》的《阴阳系日月》里写道：

---

① 张仲景. 2005. 伤寒论. 北京：人民卫生出版社：3.
② 左丘明. 2005. 国语·周语上. 济南：齐鲁书社：13.
③ 冯友兰. 2010. 中国哲学简史. 涂又光译. 北京：北京大学出版社：118.

黄帝曰余闻天为阳，地为阴，日为阳，月为阴，其合之于人，奈何？①

这句话是说，黄帝问岐伯，天是阳，地是阴，太阳是阳，月亮是阴，这个道理用在人身上是什么样子呢？这里黄帝说的天是阳，地是阴，太阳是阳，月亮是阴就是事物呈现出来的表面现象，如果深究下去，我们可以假设地就是脚下的地球，那所谓的天是什么？是头顶上的空气，还是漫天星斗的宇宙？还有如果把太阳看作阳，把月亮看作阴，那就更无法比较了。看上去差不多大的太阳和月亮，其实是两个完全不同性质的物体，而且体积相差极大，太阳占整个太阳系质量的99.8%以上，太阳系里的其他物质，包括所有的行星和行星的卫星等只是不到太阳系总质量的0.2%，月亮在其中就更加微乎其微了。不过，这种在古代还没有科学知识以前提出的表面理论、假解释，在中国却成为一种解释宇宙的标准理论，受到非同寻常的重视，甚至到了我们完全知道这些都是由于缺乏科学知识而做出的假解释的今天，还是没有人敢于提出质疑。而在古希腊毕达哥拉斯学派的哲学里，也有类似阴阳这种描述宇宙间两种势力的理论，却没有变成几千年不受质疑的标准理论。毕达哥拉斯学派的理论被后来的西方哲学家认为只是一个粗率的开始，西方的学者是在毕达哥拉斯独立思维精神的基础上，而不是在他缺乏科学依据的解释上，继续往前走了。

在张仲景把自己的经验归于阴阳以后不到100年，皇甫谧写了一本《针灸甲乙经》。这本书还有个名字叫"黄帝三部针灸甲乙经"，书中有《素问》《灵枢》《明堂》三部分。从前两部分可以看出，这本书就是解读《黄帝内经》的，《明堂》是指针灸，也是《黄帝内经》里的内容。

《针灸甲乙经》是怎么解读《黄帝内经》的呢？最重要的当然是阴阳了。在《针灸甲乙经》卷六第七《阴阳大论》中，皇甫谧对《黄帝内经》里"故积阳为天，积阴为地。阴静阳躁，阳生阴长，阳杀阴藏。阳化气，阴成形……"②这几句话做了一番解读。他举例说明：

故清阳为天，浊阴为地，地气上为云，天气下为雨，雨出地气，云

---

① 浙江书局辑刊.1986.黄帝内经.高保衡补注//二十二子.上海：上海古籍出版社：1019.
② 皇甫谧.2006.针灸甲乙经.黄龙祥整理.北京：人民卫生出版社：159.

出天气，故清阳出上窍，浊阴出下窍，清阳发腠理，浊阴走五脏，清阳实四肢，浊阴归六腑。①

这里皇甫谧先聊了阴阳在大自然里怎么就成为天、怎么就成为地、怎么就下雨、怎么就有气和有云的。接着，他把这些阴阳关系和人体联系起来，清阳怎么就出上窍，浊阴怎么就出下窍，阴阳怎么去腠理、五脏、四肢、六腑等。皇甫谧把本来是自己看病问诊得到的经验和张仲景一样，一股脑儿全都安在"积阳为天，积阴为地"的阴阳大论里面了。

又过了300多年来到唐朝，这时候出现了一位伟大的医生孙思邈，他有一部名著《备急千金要方》，他在书中提出了"大医精诚"的概念：

凡大医治病，必当安神定志，无欲无求，先发大慈恻隐之心，誓愿普救含灵之苦。若有疾厄来求救者，不得问其贵贱贫富，长幼妍媸，怨亲善友，华夷愚智，普同一等，皆如至亲之想……②

这个概念成为类似古希腊"希波克拉底誓言"的中国传统医学行医之人的道德规范。《备急千金要方》是一部中医药方的合集，"总篇二百三十二门，合方论五千三百首"③，意思就是《备急千金要方》里收集了治疗232种疾病的5300个药方。那孙思邈对《黄帝内经》中提出的阴阳之学是如何理解的呢？

孙思邈在《备急千金要方》里提出"大医精诚"的概念之前，在解释什么样的医生才是"大医"的时候，在书的开篇第一卷《大医习业》中如此写道：

凡欲为大医，必须谙《素问》《甲乙》④《黄帝针经》《明堂流注》、十二经脉、三部九候、五脏六腑、表里孔穴、本草药对、张仲景、王叔和、阮河南、范东阳、张苗、靳邵等诸经方，又须妙解阴阳禄命、诸家相法，及灼龟五兆、《周易》六壬，并须精熟，如此乃得为大医。⑤

---

① 皇甫谧.2006.针灸甲乙经.黄龙祥整理.北京：人民卫生出版社：159.
② 孙思邈.2011.备急千金要方.焦振廉等校注.北京：中国医药科技出版社：1.
③ 孙思邈.2011.备急千金要方.焦振廉等校注.北京：中国医药科技出版社：ix.
④ 即《针灸甲乙经》。
⑤ 孙思邈.2011.备急千金要方.焦振廉等校注.北京：中国医药科技出版社：1

孙思邈的意思是，凡是希望做大医生的人，除了必须通读、精通《素问》《针灸甲乙经》《黄帝针经》《明堂流注》，以及张仲景、王叔和等医学经典和药方书外，还要精通了解"阴阳禄命、诸家相法，及灼龟五兆、《周易》六壬"。这些是什么呢？"阴阳禄命"就是以阴阳来算命，看你有没有福气，命好不好；"诸家相法"，就是相面、看手相；"灼龟五兆"，就是用乌龟壳的兆象占卜；"《周易》六壬"，就是用《易经》算命看风水。对这些都精通熟悉，你就可以当大医生了，"如此乃得为大医"。反过来，如果不会这些就不会成为大医生。如此看来，中国传统医学到唐朝不但没有逐渐靠近科学，反而算命、看手相、占卜、跳大神等迷信的成分却越来越多、越来越严重了。这是为什么呢？

　　对于"阴阳禄命、诸家相法，及灼龟五兆、《周易》六壬"这些现在看来属于迷信的学问和行为，无论在汉朝还是唐朝，都还没有人知道这是迷信，不但不觉得这是迷信，他们还把这些不属于经验的理论称为术数之学，古代的术数之学有点儿像现在的引力波或者量子纠缠，都是普通老百姓搞不懂的高深学问。术数之学是古人智慧的创造，术数和科学是同源的。冯友兰认为：

　　术数与科学有一个共同的愿望，就是以积极的态度解释自然，通过征服自然使之为人类服务。术数在放弃了对于超自然力的信仰并且试图只用自然力解释宇宙的时候，就变成科学。[1]

　　古代的人们都相信自然的背后有一种超自然的力量，当人们不再相信超自然的力量而相信自己的时候，科学就来了。那时的欧洲也还处于黑暗的中世纪，神的力量、超自然的力量还在左右和操纵着人类的思维。

　　不过，时间又过去大约1000年，欧洲的医学从阿拉伯医生阿维森纳的"保持身体的健美——长长的头发，清晰的面容，正常的气味和体形"，来到了萨维里的《人体的结构》和批判思维，欧洲已经吹响了神医学向科学医学进军的号角。以哥白尼、伽利略为先驱的科学革命也已经在欧洲蓬勃兴起。而此时的中国，在1590年，也就是哥白尼发表

---

[1] 冯友兰. 2010. 中国哲学简史. 涂又光译. 北京：北京大学出版社：113.

《天体运行论》和萨维里的《人体的结构》出版 47 年以后,李时珍最著名的《本草纲目》问世了。《本草纲目》是一部药典,其中收集记载了 1892 种药物。这部书被称为中华医学的瑰宝,这是大家都很熟悉的。不过不太为人所知的是,在萨维里以批判思维把西方医学逐渐带进了科学医学的时候,李时珍不但不懂得批判思维,反而把更多迷信的信息带进了自己的著作中。怎么回事呢?当你翻开《本草纲目》这部药典时,你会时常看到这样的名字:屋漏水、磨刀水、古冢中水、猪槽中水、洗手足水、洗儿汤、鞋底下土、床脚下土、烧尸场上土、冢上土、猪槽上垢土、犬尿泥、粪坑底泥、梁上尘、香炉灰等,这些都是《本草纲目》里可以入药的药材。屋漏水、磨刀水、古冢中水、猪槽中水、洗手足水、洗儿汤等这些水怎么能入药呢?李时珍是这么说的:

> 水者,坎之象也……是以昔人分别九州水土,以辨人之美恶寿夭。盖水为万化之源,土为万物之母。①

因为水是"万化之源",所以屋漏水、磨刀水、古冢中水、猪槽中水、洗手足水、洗儿汤等都可以入药。除了"万化之源"的水,还有"万物之母"的土:鞋底下土、床脚下土、烧尸场上土、冢上土、猪槽上垢土、犬尿泥、粪坑底泥、梁上尘、香炉灰等②。所以,当科学革命已经在西方蓬勃兴起,萨维里的《人体的结构》正在把西方医学带进科学的时候,《本草纲目》却没有吹响进军科学的号角,这部医学瑰宝里仍然夹杂着一些迷信信息。

在李时珍的《本草纲目》问世前几年的 1583 年,中国来了一个意大利天主教耶稣会传教士,他就是利玛窦神父。利玛窦在中国生活了 27 年,1610 年在北京去世。利玛窦晚年把自己在中国的经历、见闻写了下来。他的这份中国见闻录后来被另一位意大利传教士金尼阁带回意大利,1615 年《利玛窦中国札记》出版。这本书是一本可以通过外国人的眼睛来看中国的非常好的资料,书里有利玛窦关于当时中国医学的一些见闻。

---

① 李时珍. 2015. 本草纲目(上). 北京: 人民卫生出版社: 387.
② 李时珍. 2015. 本草纲目(上). 北京: 人民卫生出版社: 425-453.

中国的医疗技术的方法与我们所习惯的大为不同。他们按脉的方法和我们的一样，治病也相当成功。一般来说，他们用的药物非常简单，例如草药或根茎等诸如此类的东西。事实上，中国的全部医术就都包含在我们自己使用草药所遵循的规则里面。这里没有教授医学的公立学校。每个想学医的人都由一个精通此道的人来传授。在两京（南京和北京）都可以通过考试取得医学学位（指通过太医院的考试——中译者注）。然而，这只是一种形式，并没有什么好处。有学位的人行医并不比没有学位的人更有权威或者受人尊敬，因为任何人都允许给病人治病，不管他是否精于医道。

在这里每个人都很清楚，凡是希望在哲学领域成名的（指通过科举做官——中译者注），没有人会愿意费劲去钻研数学或医学。结果是几乎没有人献身于研究数学和医学，除非由于家务或才力平庸的阻挠而不能致力于那些被认为是更高级的研究。钻研数学和医学并不受人尊敬……[①]

利玛窦在中国的这段时间是明朝的万历年间。那时候中国的医学真的像利玛窦说的那么不专业，医生也不被尊敬吗？难道是利玛窦在故意贬低中国医学？

那就看看我们自己的医生是怎么说的。在利玛窦去世100多年以后，中国出现了一位医学家黄宫绣（1720—1817），他是江西人，被称为江西历史上的十大名医之一，他还是清朝乾隆年间的御医。他有很多医学著作，而且很多都以"求真"为名，如《医学求真录》《脉理求真》《本草求真》等，还有一本专门记录宫廷医学的《太史医案初编》。在《本草求真》一书中，黄宫绣对中国当时的医学风气提出了很尖锐的批评。他在《本草求真》中这样写道：

必为真儒以为真医，则其医始真而不伪。[②]

意思是说，做医生也应该和真正的儒家学者一样，这样的医生才是真的医生。那么现实里的医生是什么样呢？

顾世之医者不然，或读书而止记数方，或临症而偶忆一说，拘牵

---

[①] 利玛窦，金无阁.1983.利玛窦中国札记.何高济，王遵仲，李申译.北京：中华书局：34.
[②] 黄宫绣.2008.本草求真.北京：中国中医药出版社：叙3.

附会，害不胜言。其幸而济，则以自鸣其术，而不知求其精；不幸而不济，则且同委诸命，而不复知其失。呜呼！以千万人之死生，系一人之工拙，而固若是以术尝哉！①

意思是说，但是现在的医生根本不读书，读书也只是背几个药方，或者看病的时候偶然想起一个什么秘方，牵强附会，害死很多人。如果偶然治愈了患者，就自鸣得意自己的医术，根本不是认真地对待自己的医术。如果没有治好患者，就把患者归于命里注定，根本不知道是什么原因没治好病。

黄宫绣批判当时的医生不读书，不禁让我们联想到了唐朝的孙思邈。他在《大医习业》里曾经这样强调过：

若不度五经，不知有仁义之道；不读三史，不知有古今之事……不读庄老，不能任真体运，则吉凶拘忌，触涂而生。②

从孙思邈提出大医精神到黄宫绣，时间过去了1200年左右，中国的医生没有在科学道路上往前走，却落得如利玛窦说的"任何人都允许给病人治病，不管他是否精于医道""钻研数学和医学并不受人尊敬"，以及黄宫绣所说的"世之医者不然，或读书而止记数方，或临症而偶忆一说，拘牵附会，害不胜言"的地步。

从黄宫绣的批评中我们可以看到，中国传统医学起码在乾隆年间问题已经非常严重。而电视剧《神医喜来乐》里被贬低的御医，其实应该还是有一些学问的，而像喜来乐那样的游医倒很可能是，"其幸而济，则以自鸣得其术，而不知求其精；不幸而不济，则且同委诸命，而不知其得失"。从黄宫绣的话里我们可以知道，利玛窦没有故意贬低中国的医生，而且实际情况比利玛窦说的还要糟糕。

中国传统医学已经到了必须要改变的时候了！

在黄宫绣医生对中国传统医学提出强烈批评以后大约100年，又有一位医学家开始大声疾呼：中国不知求其精，充满迷信的传统医学必须要改变了！这个人是谁？他就是清朝末期著名的医学家、医学翻译家、

---

① 黄宫绣.2008.本草求真.北京：中国中医药出版社：叙3.
② 孙思邈.2011.备急千金要方.焦振廉等校注.北京：中国医药科技出版社：1.

藏书家丁福保（1874—1952）。

  吾国旧时医籍，大都言阴阳气化、五行五味、生克之理，迷乱恍惚，如海市蜃楼，不可测绘，支离缪辀，如鼷鼠入郊牛之角，愈入愈深，而愈不可出……奈何一孔之医，斥为未达，墨守旧法，甘为井蛙……吾国医学四千年来，缪种流传，以迄今日，不能生人而适杀人；肺五叶而医者以为六叶，肝五叶而医者以为七叶，肺居中而医者以为居右，肝居右而医者以为居左……心为发血之区，而医者以为君主……①

  上面这些话就是丁福保说的。他说，我们中国旧时的医学书籍，都在说阴阳化气，五行和五味如何相克相生的理论，这些理论毫无规律，恍恍惚惚就像海市蜃楼，非常荒谬。而这样的理论却像一只钻进牛角的老鼠，在中国医学里越钻越深，已经出不来了。这种墨守成规、甘愿做井底之蛙的医学已经误人 4000 年了，这种医学只会杀人不会救人。然后，他又举出当时的医生对人体器官完全错误的认识，比如，肺的结构和在人体的实际位置，肝的结构和在人体的位置，尤其是心脏，心脏是血液循环系统的泵，中国人却把心脏当成君主、皇帝。

  不过，这位把中国传统医学说得一无是处、对中医进行严厉批判的丁福保并非全盘否定中国传统医学，他是中西医结合，也就是要把中国传统医学带进科学的第一个倡导者和推行者。他希望通过这种极端的、矫枉过正的方式疾呼：中国传统医学已经到了该自我反省和彻底改变的时候了！丁福保是第一位主张要中西结合的中国医学家，他组织了中国第一个中西医研究会。不过要让中国传统医学走进科学，首先要懂得什么是科学的医学。西医这个名字是中国人对科学医学的称呼，其实科学的医学不都来自西方，而是整个人类科学的集大成。不过，在丁福保的时代，中国人对所谓西医，也就是科学的医学还非常不了解。

  各地西式医院，亦逐渐设立；初立时多遭愚民反对，甚有谓外国人挖取小孩心眼以制药者。②

---

① 陈邦贤. 2009. 中国医学史. 北京：团结出版社：250-252.
② 陈邦贤. 2009. 中国医学史. 北京：团结出版社：184.

对此，丁福保认为，学习西医最快捷的办法是借鉴日本的经验。于是他从日本购回数十种医学著作，并且亲自翻译出版，编成"丁氏医学丛书"，这套丛书包括《解剖学讲义》《组织学总论》《胎生学》《病原细菌学》《近世内科全书》《内科学纲要》《急性传染病讲义》《肺痨病预防法》《肺痨病救护法》《近世妇人科全书》《新纂儿科学》《皮肤病学》《汉译临床医典》《化学实验新本草》等。这些译著为他主张的中西医结合之路铺平了道路。此外，他除了自己在上海行医外，还创办了医学书局，希望科学的医学得到更好的传播。他还是一位藏书家，藏古籍无数，曾先后捐给上海市立图书馆图书15 000 册，捐给震旦大学（复旦大学前身）图书 20 000 册、古今刊本 50 000余卷，捐给北京图书馆古籍 1000 余册。[①]

1929 年，国民政府中央卫生委员会提出废止中医的提案，遭到中医药界的反对，此后全国展开激烈的讨论，一些学者认为应该整理中医而不是消灭中医。两年后的 1931 年 3 月 17 日，中央国医馆正式成立[②]，整理中国传统医学的事业从此开始。

如今的中医院不会再有人玩"阴阳禄命、诸家相法，及灼龟五兆、周易六壬"等的玄医学、迷信医学了，不过"言阴阳气化，五行五味生克之理"的医学还在玩，但在诊断上已经科学化、西医化了。比如得了感冒到中医院看病，照例需要抽血化验等。现在的中医有了公办的中医药大学，中医在科学意义上已经有了很大进步，但是，我们真正走出神医学的路还很长。

---

① 陈邦贤.2009.中国医学史.北京：团结出版社：189，243-245。
② 陈邦贤.2009.中国医学史.北京：团结出版社：315。

# 第五章　时代的启示

　　本章是对前面四章的总结。整个人类世界在走出鸿蒙的过程中，发明了文字、文学、数学、哲学和医学等。在古人为我们留下的这些遗产里，有一些是可以帮助我们创造科学的，有一些可能会阻碍科学甚至人类文明的进步。本章就是试图从古代的遗产中梳理出那些可以促进科学进步、让我们继续奔向未来的遗产。

前四章谈了中国殷商时代的甲骨文和古埃及的象形文字、苏美尔的楔形文字；《诗经》和荷马史诗；《易经》与古希腊毕达哥拉斯学派；中医与古希腊、印度传统医学的比较。做这些比较的目的并不是要研究世界历史，而是希望从中看到中国和西方在黑格尔所说的"真的、必然的思想"上的异同，从而去了解中国从古代流传下来的思维因素，对中国人过去和今天的科学思维会不会有影响，如果有，那会是一些什么样的影响？

选择甲骨文、《诗经》、《易经》和中医来做比较，是因为它们是中国历史上最早、最古老，也是最有中国特点的四个中国元素。

不过也许有人会问，盘古开天地、女娲补天这些难道不是更早、更古老的中国元素吗？关于这个问题，就如同黑格尔说的：

然而思想的世界如何会有一个历史呢？在历史里所叙述的都是变化的、消逝了的，消失在过去之黑夜中，已经不复存在了的。但是真的、必然的思想——只有这才是我们这里所要研究的对象——是不能有变化的。①

盘古开天地、女娲补天已经消失在过去之黑夜中，不复存在了，只是故事而已。但是，甲骨文、《诗经》、《易经》和中医的精髓却已经变成了真的、必然的思想和文化因素，深藏在每一个中国人的心里。这些产生于千百年前的中国元素，就像涟漪一样至今仍然并且只荡漾在所有中国人的小宇宙里。

本书探讨的"真的、必然的思想"的历史，其实就是科学思想的历史。在还没有科学的时代，中国的甲骨文、《诗经》、《易经》、中医，还有西方的象形文字、楔形文字、荷马史诗、毕达哥拉斯学派的哲学，以及希腊和印度的传统医学留下的思想对后来的科学会有什么样的影响都是本书希望探讨和了解的。下面就总结一下本书里聊的四件事情，对后来中国人和西方人的思想产生了什么影响，我们可以从这些传统文化里学到一些什么。

第一章"乌龟壳和陶泥板"聊了世界上最早的文字：中国的甲骨

---

① 黑格尔.1959.哲学史讲演录·第一卷.贺麟，王太庆译.北京：商务印书馆：11.

文，以及埃及的象形文字、苏美尔的楔形文字；聊了甲骨文发现的过程，聊了王懿荣、刘铁云、孙诒让、罗振玉、郭沫若、董作宾等前辈对甲骨文的各种研究，以及由甲骨文记载下来的、发生在殷商时代的各种故事，还有像天干地支这种中国独有的特殊计数方法的形成。还包括甲骨文记录下的自然现象、天文现象等，也聊了埃及象形文字和苏美尔楔形文字的演变过程。

甲骨文是清朝光绪年间国子监祭酒王懿荣首先发现的，是目前所知中国最早的文字。因为这些文字都刻在乌龟壳或者兽骨上，因此得名甲骨文。甲骨文是汉字的鼻祖，不过那时候的甲骨文和现在的汉字还不太一样，那时候的甲骨文的主要作用是算命。甲骨文是算命先生占卜以后，把算出来的结果刻在甲骨上的所谓"卜辞"，像"贞今日不雨""贞帝不其令雨""帝令雨足年""贞其射鹿获"等。那个时代大家为什么那么爱算命呢？因为算命是当时的流行文化，"殷人尊神，率民以事神，先鬼而后礼"。对于那时候这种流行文化，郭沫若在他的《卜辞通纂》里是这样评价的：

足徵殷人之信仰，大抵至上神之观念殷时已有之，年岁之丰啬，风雨之若否，征战之成败，均为所主宰。而天象中之风霾云霓及月蚀之类，则多视为灾异也。[①]

意思是，神的观念在殷商时代就有了。主宰殷人的命运、一年的收成好不好、是不是风调雨顺，"征战之成败"，主宰这一切的都是神，"均为所主宰"。所以，神在他们的生活中比家人还重要。他们把各种自然现象，像风、雾霾、云彩、彩虹、月食、日食，都视为是神在给人类传达信息。而在人类文明中，神话和科学是同源的，都是出于人类对大自然的好奇、希望认识大自然的思想中产生的。所以，殷商时代的流行文化"率民以事神，先鬼而后礼"也是由于好奇心而来的。这样的流行文化经过几千年的沧海桑田，"率民以事神，先鬼而后礼"的行为如今虽然已经消失了，但是让"殷人之信仰"得以产生的思维因素和文化因素却穿越 3000 多年的黑夜，传递到了今天。

---

① 郭沫若 . 1983. 卜辞通纂 . 北京：科学出版社：400.

真的这么神奇，3000多年前的文化因素能一直传递到今天？咱们今天的生活里还有殷商时代留下的思想和文化因素吗？肯定是有的。而且从殷商时代让"殷人之信仰"得以产生的思想中就可以分出科学的和神话的两个方面，以及从中形成的两种完全不同的文化因素。这两种思想和文化因素是什么呢？一种是由于好奇心变成的对大自然客观的观察和思考，这是可以促进科学产生的思想和文化因素，但是这部分没有传递到今天；还有一种也是好奇心，但是观察以后变成了迷信，变成了"天象中之风霾云霓及月蚀之类，则多视为灾异也"的迷信活动，这些思想和文化因素是不会促进科学产生的。不过这部分传递到了今天，怎么回事儿呢？

　　咱们举个例子来看看殷商时代留在中国人心中的文化因素到底是什么。可以促进科学的、由于好奇心而产生的客观的观察和思考，基本没有流传下来，直到今天大家还很缺乏对大自然的好奇，更不喜欢客观地观察。所以，至今还没有一个关于自然的科学发现，如日心说、万有引力定律、相对论、量子纠缠、希格斯子等是来自中国人的观察和思考。但是"天象中之风霾云霓及月蚀之类，则多视为灾异也"的迷信活动，都被继承下来。其中直到今天还普遍可以在中国大地上看到的，就是罗振玉在他的甲骨文研究著作《殷墟书契考释三种》中发现的，殷商时代"凡卜祭日皆以所祭之祖生日为卜日"[1]。意思就是，殷商时代祭奠先祖的日子，都选择在先祖生日那天。就像一块甲骨上记载的："甲辰卜贞王宾小甲祭……"[2]这块甲骨文记载的是：甲辰日那天，贞人带着大家给先王小甲做了祭奠活动。中国人清明节会给逝去的先辈扫墓，还有在先人生日那天（后来又扩展到忌日）举行祭祀活动、祭奠先祖的习惯就是从殷商时代开始一直流传到今天的。清明节扫墓已经成为中国人的习惯。在先辈的生日或者忌日，找个地方烧纸、祭祀先祖这个习惯，虽然不是每个中国人都有的，不过只要是在中国长大的中国人，某一天天黑以后，如果路过一个小路口，看见有一两个人在路边点起一堆火，并且安静地看着那堆正在燃烧的火苗，这个中国人对路边人的行为都不会

---

[1] 罗振玉. 2006. 殷墟书契考释三种（下）. 北京：中华书局：543.
[2] 罗振玉. 2006. 殷墟书契考释三种（下）. 北京：中华书局：554.

感到什么好奇，更不会报警。而这件事如果换上一个刚刚来中国的外国人，他们报警的可能性要增加很多。中国人之所以不会报警，是因为他们知道路边那些人不是在放火，而是在祭祀逝去的故人。而这个习惯、这个文化因素就是从甲骨文"率民以事神，先鬼而后礼"的殷商时代走来的，并且深深地刻在每个中国人的心中。

甲骨文除了带给我们祭祀的文化信息外，从前辈学者对甲骨文的研究中我们还可以知道卜辞中有最早的关于天干地支的记录。天干地支相配的六十进位循环计数方法是中国一种独特的六十位循环计数方法用于记录年月日的，也就是日历，称为干支历。另外，卜辞里还记载了很多关于自然和天文现象的信息，甚至包括一次人类最早的新星爆炸记录。不过，这些信息正如郭沫若所说的，"则多视为灾异也"，都被视为在预言人间会出现某种灾异。此外，根据董作宾的研究，他还发现了殷商时代占卜方法在思维上的新旧两派，而最终结果总是旧派胜过了新派。

从卜辞的记载中我们可以梳理出当时的几个中国元素和流传的情况。第一，由于好奇心而产生的客观的观察和思考，没有流传下来。第二，信鬼神，流传下来了。第三，在占卜的同时发明了六十位循环计数法——干支历，流传下来了。第四，观察到很多自然和天文现象，不过都"多视为灾异"，并流传了下来。第五，思维上的新旧两派。所谓旧派就是推崇古代、抵制创新，而新派是玩创新，但是新派总是玩不过旧派，也流传下来了。很多人喜欢厚古薄今、尊古贱今的思维习惯，就来自总是打败玩创新的新派的旧派思想。

再来看看古埃及的象形文字。根据美国历史学家斯塔夫里阿诺斯的判断，古埃及象形文字和苏美尔的楔形文字都是祭司出于祭祀的目的而创造的。从各种资料上可以看到的埃及象形文字中，我们可以很清楚地发现，埃及象形文字里也充满了各种鬼神和迷信的符号。因此，埃及在使用象形文字的时代应该也和中国殷商时代差不多，都是"率民以事神，先鬼而后礼"。埃及象形文字留下的思想和文化因素肯定也和中国的甲骨文一样，可以分为神话的和科学的两部分。在神话方面，埃及人的祭祀活动是什么样的，他们是在什么时候祭奠故人，是不是流传到今天，这些我们都不得而知。不过科学方面的一些事情，我们是可以了解的。比如，公元前 6 世纪左右，"据说泰勒斯曾经旅行过埃及，并且从这里给希腊人带来了几何学"①。然后泰勒斯用他学到的几何学知识，根据陆地上两点的距离，推算出海上的距离，还利用金字塔的影子，计算出金字塔的高度等。这些都是罗素讲的。另外，1 世纪的拉尔修在他的《名哲言行录》里还这样写道：

他从埃及人那里学了几何学之后，第一个在圆周里画出直角三角形。②

从两位学者对泰勒斯的描述中可以知道，从埃及象形文字流传下来的文化元素里，起码还包括几何学知识。泰勒斯把从埃及工匠那里发现的和几何有关的经验，变成了解决实际问题的数学方法。

苏美尔的楔形文字比埃及象形文字出现得更早，因此肯定也是充满了神话和迷信。考古学家从楔形文字里发现了公元前 2600 年苏美尔第一大英雄吉尔伽美什的史诗、公元前 1700 年的《汉谟拉比法典》等。这其中肯定少不了神话和迷信。不过，考古学家还在楔形文字里发现了和迷信没关系的六十进位法及一些数学计算方法。六十进位法和甲骨文天干地支的六十进位循环计数方法有些相似。但是楔形文字是六十进位法，天干地支是六十位循环计数方法。一个属于开放的数学模式，一个是一组封闭的数字结构。由于六十进位法是一种开放的数学模式，比封闭的天干地支六十位循环计数方法应用范围要广泛得多，所以直到今天六十进位法还运用在圆周、时间及计算机的运算上。而从甲骨文产生的天干地支，除了用在中国式的六十进位循环纪年法上以外，再没有更多数学上的应用价值。

穿越千年，从过去之黑夜中的古代文字里我们可以了解到，古埃及和苏美尔传递下来的文化元素里，也有很多关于鬼神和迷信的内容。这些文化元素是不是也是西方人某种习惯的源泉，我们对此不得而知。不

---

① 罗素.1963.西方哲学史·上卷.何兆武，李约瑟译.北京：商务印书馆：30.
② 第欧根尼·拉尔修.2011.名哲言行录（下）.马永翔，赵玉兰，祝和军，等译.长春：吉林人民出版社：14.

过，从过去之黑夜中的古代文字里看到的另外一个文化元素——几何，却成为人类文明的瑰宝。几何从泰勒斯开始，从简单的几何到欧几里得的《几何原本》。而且几何又成为古希腊大众文化一个很重要的内容，研究几何成为古希腊的风尚，一个人如果证明了一道几何难题，就会受到大家的尊重。几何从泰勒斯开始，从简单的几何到欧几里得的《几何原本》，然后几何成为古希腊大众文化的一个重要内容，证明一道几何题成为古希腊的风尚。一个人如果证明了一道几何难题，这个人即使是奴隶，他也会受到大家的尊重，他的雕像会竖立在城市广场上。几何在后来的历史中又不断发展前进，欧几里得的平面几何变成了非欧几何、黎曼几何，再到彭加勒的几何拓扑学，一直到今天几何学还不断发展进步。几何成为科学创造一个不可或缺的、非常有力的助推器。

而通过前辈的研究我们可以知道，中国人在甲骨文时代就已经形成了一些文化因素：由于好奇产生的观察和思考；信鬼神；六十位循环的天干地支；把发现的自然和天文现象，视为灾异的预示；还有由董作宾发现的思想上的新旧两派。这些文化因素中除了第一个没有流传下来，其他都基本传递到了今天，像信鬼神、信命、信天干地支、信火星逆行会带来灾异、守旧这些思维，很多至今还在影响着中国人的生活习惯、思维习惯，并且已经深深地刻在很多中国人的心里。这些生活习惯、思维习惯虽然看上去很不起眼，但是这些小小的习惯几乎都是与科学思考相悖的。这也是中国在后来与现代科学失之交臂的原因，可以认为从殷商时代就已经形成了。

再来看看第二章"瞬间永恒的诗篇"，这一章聊了中国的《诗经》和古希腊的荷马史诗。这是世界上最早的两部文学作品，流传下来的文化因素和影响就更大了。

在《史记·孔子世家》中，司马迁认为《诗经》是"三百五篇孔子皆弦歌之，以求和韶、武、雅、颂之音，礼乐自此可得而述，以备王道，成六艺"。[①]他说孔子把《诗经》的三百零五首诗都谱了曲，这些曲子都符合韶、武、雅、颂的音调。什么是"韶、武、雅、颂"呢？这些其实就是古代流传下来的一些音乐和舞蹈。古代音乐一般都是载

---

① 司马迁. 2014. 史记·第六册. 北京：中华书局：2345.

歌载舞，所以在那个时代音乐和舞蹈是不分家的。孔子"以求和韶、武、雅、颂之音"的音乐舞蹈在后来都成为音乐家、作曲家必须遵守的音乐创作的典范。其中，"韶"也叫"大韶"，据说来自虞舜时代的歌舞；"武"也叫"大武"，是周武王时代的歌舞；"雅"是宫廷里的雅乐；"颂"是颂歌。孔子这样整理《诗经》的目的是什么呢？"礼乐自此可得而述，以备王道，成六艺。"他把《诗经》"皆弦歌之"以后，从此《诗经》就成为具有礼教作用的音乐了，这样的音乐可以为王道服务，也可以成为孔子六艺之学的内容了。其实孔子是希望把《诗经》变成宣扬儒家思想的作品，这是孔子的理想。

不过无论《诗经》怎么被孔子整理，它仍然是一部文学作品。文学作品除了会有被孔子赋予礼教的作用以外，还会带给人愉悦、快乐等精神上的欣赏作用，"虽无为而自发，乃有益于生灵"[①]。

那么，《诗经》会给我们留下什么文化元素呢？

从欣赏的角度，《诗经》为我们留下了很多美好的诗篇和脍炙人口的诗句，如"关关雎鸠，在河之洲，窈窕淑女，君子好逑""青青子衿，悠悠我心""硕鼠硕鼠，无食我黍"等。这些诗句不但表达了作者的心境，也愉悦了读者的心。这种感动了中国人几千年的文化元素造就了中国人善良与优美的品质，虽然这样的品质在中国历史上有进有退，但这些元素都是从《诗经》开始的。

再来看看孔子是如何去实现"礼乐自此可得而述，以备王道，成六艺"的理想的。

在第二章我们读到《诗经》里的一些诗篇，如《国风》里的《关雎》。这首本来也许是描写年轻人爱情的诗歌，孔子从道德层面又解释了"关关雎鸠，在河之洲，窈窕淑女，君子好逑"这几句诗。他认为这是周文王和他妻子之间，可以教化人的人伦大德，"关雎，后妃之德也……先王以是经夫妇，成孝敬，厚人伦，美教化，移风俗"。

再比如《诗经·小雅·鹿鸣之什》里的一首诗，"伐木丁丁，鸟鸣嘤嘤。出自幽谷，迁于乔木。嘤其鸣矣，求其友声"。这首诗应该是描写树林里的景象、伐木的声音和小鸟的鸣叫；小鸟的叫声似乎在召唤它

---

① 毛亨. 2013. 毛诗注疏（下）. 上海：上海古籍出版社：2.

的朋友,"嘤其鸣矣,求其友声"。孔子从道德层面对这些诗句的解释是"有人伐木于山阪之中,丁丁然为声。鸟闻之,嘤嘤然而惊惧"。他说小鸟鸣叫是因为树林里有人伐木,小鸟听到伐木的声音,受到惊吓鸣叫起来。"以兴朋友二人相切磋,设言辞以规其友,切切节节然。其友闻之,亦自勉励,犹鸟闻伐木之声然也。鸟既惊惧,乃飞出,从深谷之中,迁于高木之上。以喻朋友既自勉励,乃得迁升于高位之上。"然后孔子又把小鸟为何鸣叫编了一个故事,故事里说,这是两个好朋友之间的谈话,其中一位是领导,领导"设言辞以规其友,切切节节然",然后这只受惊吓的小鸟因为听了劝告的朋友"亦自勉励,乃得迁升于高位之上",意思是受到领导的教化得到鼓励,从此自勉,于是得到升迁,他自己也成领导了。在孔子的故事里,那位"切切节节然"劝导朋友的领导,其实就是孔子心中理想的儒家的道德哲学。儒家哲学最基本的观念就是要大家懂得伦理道德、遵守礼教。不过,这个故事不是诗里自然流露出来的,而是孔子加进诗里的。

　　孔子为什么要在《诗经》里加进这些看上去完全不沾边的故事呢?他必须要这样做,为什么呢?因为是时代的需要,是他生活时代造就的,是他为之奋斗一生的理想使然。"这个时代,即叫作邪说暴行的时代。"[①]"正为'天下无道',所以他才去栖栖皇皇[②]的奔走,要想把无道变成有道。"[③] 所以为了让天下有道,让大家都懂得道德、遵守道德,孔子不但栖栖惶惶地奔走,在整理《诗经》的时候仍然在大声疾呼。

　　那么,《诗经》中孔子"把无道变成有道"的理想,为我们留下了什么文化元素呢?关于这一点是非常值得深思的。孔子"以备王道,成六艺"的道德文章,这个文化因素确实被流传下来了,像后来的"人不知而不愠,不亦君子乎""君君臣臣父父子子""温良恭俭让""为人也孝弟"等至理名言,都来自孔子,并且在两千多年以后让中国老百姓背得滚瓜烂熟,深深地植入每个中国人的骨子之中。这些文化因素也的确让中国人变得越来越"温良恭俭让以得之",越来越"为人也孝弟,而好

---

① 胡适. 2015. 中国哲学史大纲. 北京:中华书局:60.
② "栖栖皇皇"现为"栖栖惶惶"。——编者注
③ 胡适. 2015. 中国哲学史大纲. 北京:中华书局:65.

犯上者，鲜矣"。

　　此外，更值得我们深思的是，孔子对那个"天下无道"时代的思考反思，这个文化因素流传下来了吗？孔子反思的精神似乎并没有完全流传下来，大家甚至还不知道孔子曾经是一个对当时无道社会的反叛者，而以为他是维护那个时代的人。但恰恰是从反思而来的批判精神，才是人类走向新的文明、走向科学的原动力。15世纪欧洲的文艺复兴和16世纪的科学革命都来自这种批判精神。可这个本来可以从孔子那里学到并流传下来的文化元素却没有被我们学到，更没有流传下来。

　　第二章还聊了古希腊的荷马史诗。荷马史诗里也有类似孔子"把无道变成有道"的道德理想吗？罗素对荷马史诗的作者有这样的评价，"他是一个18世纪式的古代神话的诠释家，怀抱着一种上层阶级文质彬彬的启蒙理想"[1]。罗素所谓的"上层阶级文质彬彬的启蒙理想"和孔子"把无道变成有道"的道德理想一样。不过，荷马史诗中传达"文质彬彬的启蒙理想"的方法和孔子传达他的理想的方法却完全不同，怎么不同呢？

　　对诗歌所具有的教化作用和道德理想，18世纪法国百科全书派哲学家孔狄亚克说得更清楚，他在论述诗歌起源时说："原始诗歌的目的给我们指明了它的特点。确实，诗歌之歌颂宗教、法律和英雄，目的只是在公民中唤起爱慕、景仰以及进取的感情。"[2] 唤起爱慕、景仰及进取的感情这样的观念是西方人对诗歌道德教化的期待。不过这样的期待和孔子"成孝敬，厚人伦，美教化，移风俗"的理想有什么不一样呢？咱们回顾一下荷马史诗。

　　　　高傲的求婚者们纷纷进入厅堂。
　　　　他们一个个挨次在便椅和宽椅就座，
　　　　随从们前来给他们注水洗净双手，
　　　　众女仆提篮前来给他们分送面食，
　　　　……

---

[1] 罗素. 1963. 西方哲学史·上卷. 何兆武，李约瑟译. 北京：商务印书馆：10.
[2] 孔狄亚克. 1989. 人类知识起源论. 洪求洁，洪丕柱译. 北京：商务印书馆：181-183.

这是《奥德赛》里面的一段故事，描写的是特洛伊战争结束后，奥德修斯被困在一个海岛上无法离开，结果大家以为他已经死了。于是100多个希腊城邦的王子跑到奥德修斯家里，纠缠他的妻子，想娶她为妻。不过从诗中的描写可以看出，王子们虽然向珀涅罗珀求婚和吃喝玩乐，消耗奥德修斯家的钱财，但他们的举止却是"一个个挨次在便椅和宽椅就座"。从这些描写中我们可以明显地感觉到，这些求婚者很有礼貌，没有对那个美丽的弱女子珀涅罗珀做太过分的事情。这说明这些求婚人的行为是有节制的，不是像土匪一样胡作非为。这些描述及行为背后的原因是什么呢？

美国当代哲学家斯通普夫是这样解释的：

虽然荷马很大程度上用人的形象去描绘众神，他还是偶尔暗示自然界存在着一个严格的秩序。特别是，他提到存在着一种叫"命运"的力量，甚至众神也得服从它，所有的人和事物也必须服从它。①

这里说的自然界存在着的、严格的、任何人都必须服从的秩序和一种叫"命运"的力量，就是让那些王子保持节制，不敢过于胡作非为的道德力量。

荷马描绘了奥林匹斯山的场景，在那里众神们过着和地上的人们相似的生活。这种对世界的诗意的观点也描绘了众神介入人类事物的方式。特别地，荷马的神会由于人们缺乏节制，尤其是他们的骄傲和不服从——希腊人称之为傲慢——而惩罚他们。这并不是说荷马的神非常的道德。相反，他们只不过比我们更强大，要求我们服从。②

荷马史诗里描述的神也和人一样，要遵守"自然界存在着的严格的、任何人都必须服从的秩序"，因为"并不是说荷马的神非常的道德"，神也是有缺点的。

荷马史诗里这些道德教化，和孔子"成孝敬，厚人伦，美教化，移风俗"的教化有什么不同呢？我们可以看到，荷马史诗关于"任何人

---

①② 撒穆尔·伊诺克·斯通普夫，詹姆斯·菲泽．2009．西方哲学史．匡宏，邓晓芒译．北京：世界图书出版公司：5．

都必须服从的秩序"，可以从"高傲的求婚者们纷纷进入厅堂。他们一个个挨次在便椅和宽椅就座"这样的诗句里读出来。荷马史诗"任何人都必须服从的秩序"的道德教化是从诗歌本身透露出来的，读者在阅读和思考的过程中是完全可以体会到的。所以这些从思考中得到的教化，会引起读者自己的思考，思考不是背下来的至理名言，而是会充实读者的思想，并且变成实际生活中的行为准则。而孔子的"成孝敬，厚人伦，美教化，移风俗"不是《诗经》本身有的，而是孔子加进去的。而这些教化知道以后也不是靠读者自己思考得到的，想记住只能背下来。所以这种只能背下来的教化不会引起读者主动地思考，也就不会充实读者的思想，更不会成为实际生活中的行为准则。因此，陋习不会因为读《诗经》而改掉。

　　经过比较我们可以看到，东西方都认为诗歌是具有道德力量，是有教化作用的。但是东西方对教化的思考是不一样的，传达教化的方法也是不一样的。东方人愿意虚构出一种教化的根据，因此这样的教化不会变成人的主观意识。而西方人的教化是从诗歌本身透露出了的，如果读者读出来了，那么得到的教化是通过读者自己的思考得到的，因此是能够成为人的主观意识的，可以成为行动。而思考也是通向科学唯一的一条路，我们缺少的也正是思考的教化。

　　下面看看第三章"'万能'的八卦和粗率的开始"。这一章聊的是中国的《易经》和古希腊毕达哥拉斯学派思想的比较。

　　《易经》是让很多中国人引以为傲的，大家都觉得《易经》是博大精深的中国文化的杰出代表。百度百科对《易经》的介绍是"含盖万有，纲纪群伦，是中国传统文化的杰出代表；广大精微，包罗万象，亦是中华文明的源头活水"。这段话说得铿锵有力，不过事实是这样吗？如果只是站在中国的立场上，而且是站在古代的立场上，"含盖万有，纲纪群伦"这些话或许还有些道理。但是人类文明是一个整体，而且是不断进步的。今天的世界已经是遍布 Wi-Fi、手机、支付软件，连孩子的奶瓶都可以全球购的，完全融入全人类科学文化之中的中国，《易经》还是一碗"活水"吗？走进整个人类文明的天下，放眼全世界的时候，你就会发现，如今无时无刻不在你身边的科学，都是根本没听说过、没玩过"广大精微，包罗万象"的《易经》的外国人玩出来的。把人类带进现代文明的哥白尼、伽利略、开普勒、牛顿、爱因斯坦，他们根本不知《易经》为何物，更没喝过这碗"活水"。今天大家在玩的人工智能、虚拟现实（VR）、增强现实（AR）、物联网，还有玩智能手机的"低头族"，也都不再需要喝《易经》这碗"活水"，不再需要"广大精微，包罗万象"的八卦来帮忙了。

可是我们膜拜了几千年的《易经》真的就一无是处吗？和甲骨文给我们留下的是两种不同的遗产一样，《易经》留给我们的也是两条线，其中一条是可以促进科学的，但是这一条我们没有继承下来。我们继承的是阻碍科学的那条。怎么回事儿呢？

在第三章中，我们看到黑格尔对《易经》的一些评述。他认为《易经》的八卦：

> 这些图形的意义是极抽象的范畴，是最纯粹的理智规定。中国人不仅停留在感性的或象征的阶段，我们必须注意——他们也达到了对于纯粹思想的意识……[1]

黑格尔的话肯定了《易经》中八卦图形的哲学意义，"是极抽象的范畴，是最纯粹的理智规定"。这些话就像他肯定古希腊毕达哥拉斯学派的哲学一样。这是第一条线，也就是《易经》和毕达哥拉斯的哲学思考都是很棒的哲学思考，是古人的智慧，是可以促进科学的。第二条线是什么呢？黑格尔对毕达哥拉斯学派哲学的评价"一个粗率的开始，没有秩序，没有深义"[2]，以及他对八卦几乎一样的评价，"也达到了对于纯粹思想的意识，但并不深入，只停留在最浅薄的思想里面……他们是从思想开始，然后流于空虚，而哲学也同样沦于空虚"[3]，这些就属于第二条线，这条线不会促进科学。

两条线是怎么来的呢？出于两个原因。第一个原因，《易经》的形成及毕达哥拉斯学派的哲学来自公元前8世纪前后的古代，那时候的人和现代人在体质上没有什么区别，他们的眼睛和现代人一样，脑容量也和现代人一样。第二个原因，公元前8世纪的古人和现代人又完全不一

---

[1] 黑格尔.1959.哲学史讲演录·第一卷.贺麟，王太庆译.北京：商务印书馆：131.
[2] 黑格尔.1959.哲学史讲演录·第一卷.贺麟，王太庆译.北京：商务印书馆：251.
[3] 黑格尔.1959.哲学史讲演录·第一卷.贺麟，王太庆译.北京：商务印书馆：131-133.

样。哪里不一样呢？那就是知识水平。现在很多小孩子掌握的几何学知识比泰勒斯、毕达哥拉斯强多了，那时候的人做梦也想不到每天东升西落的太阳根本没动，而是我们脚底下的地球在转。

  由于有第一个原因，所以像小孩子一样的古人也有好奇心、有眼睛、会观察、会思考、有智慧。虽然大家的知识还非常有限，但是个别古人出于好奇心，他们去观察眼前的世界，开始思考，并在思考中有了一些发现。这些发现就是被黑格尔赞扬和肯定的，古人"纯粹思想的意识"是出于古人的智慧。但是由于第二个原因，因为没有足够的知识来解释他们的发现，所以得出的结论都是不正确的。就像罗素谈古希腊的亚里士多德时说的："自起十七世纪的初叶以来，几乎每种认真的知识进步都必定是从攻击某种亚里士多德的学说而开始的。"① 为什么是攻击他的学说呢？因为他的学说结论没有一个是对的。这也是黑格尔评价的："一个粗率的开始，没有秩序，没有深义""但并不深入，只停留在最浅薄的思想里面"。

  那什么是古人"纯粹思想的意识"的发现呢？比如，《易经》用一和从一分出的二组合而成的阴阳二爻，以及"易有太极，是生两仪，两仪生四象"这样的发现。这些发现是中国古人由于好奇心，通过观察和思考得到的，就是"纯粹思想的意识"的发现，是古人的智慧。还有毕达哥拉斯"万物的原则是单子或单元；而不确定的'对'或'两'从这种单子中生成，并作为单子（单子是原因）的物质基础起作用；从单子和不确定的'对'产生出数；从数产生出点；从点产生出线；从线产生出平面；从平面产生出立体……光明和黑暗在宇宙中有相等的部分"②。也同样是古代"纯粹思想的意识"的发现。古人这些由于好奇、通过观察得到的"纯粹思想的意识"，他们的智慧如果流传下来被后人继承，就会逐渐变成创造科学的力量。但是，中国人没有继承《易经》中古人的智慧，没有继承古人由于好奇和观察得出的"纯粹思想的意识"。我们继承的是什么呢？我们继承的是《易经》里"初九，潜龙，勿用""九二，见龙在田，利见大人"。我们围着这些不知所云的话转了几千年。这些是什么呢？这些就是出于第二个原因，由于古人缺乏基本的科

---

  ① 罗素.1963.西方哲学史·上卷.何兆武,李约瑟译.北京：商务印书馆：203.
  ② 第欧根尼·拉尔修.2011.名哲言行录（下）.马永翔,赵玉兰,祝和军,等译.长春：吉林人民出版社：431.

学常识，在发现一些现象以后不知怎么解释，于是得到"乾为天，坤为地，震为雷，巽为风，坎为水，离为火，艮为山，兑为泽"等这些不存在的、空虚的结论。这些就是被黑格尔评价为"并不深入，只停留在最浅薄的思想里面……从思想开始，然后流于空虚，而哲学也同样沦于空虚"的思想。这些沦于空虚的思想就是我们现在所说的迷信。迷信不但不会变成创造科学的力量，反而会变成阻碍科学出现的因素。

那西方人继承了"纯粹思想的意识"了吗？他们继承了。毕达哥拉斯学派玩的，同样带着很多很古怪、很奇妙的迷信观念。比如，他玩的和《易经》八卦类似的概念，他们认为事物都来自"十个本原，把它们排成平行的两列：有限和无限，奇和偶，一和多，左和右，阳和阴，静和动，直和曲，明和暗，善和恶，正方和长方"①。这些其实比《易经》"乾为天，坤为地，震为雷，巽为风，坎为水，离为火，艮为山，兑为泽"玩得更强，更带有客观性。但是外国人没有把这些当成包罗万象的"活水"。西方人认为毕达哥拉斯学派玩的这些，只是没有秩序、没有深意的、粗率的开始，但是毕达哥拉斯观察和思考的精神，也就是毕达哥拉斯的智慧引起了西方人"热情的动人的沉思"②。

于是毕达哥拉斯的迷信观念没有在西方继续流传，毕达哥拉斯学派"热情的动人的沉思"被西方人传承下来。"热情的动人的沉思"就来自前面说的第一个原因。举个例子，罗素在《西方哲学史（上卷）》里谈到古希腊先贤泰勒斯及米利都学派时这样写道：

> 每一本哲学史教科书所提到的第一件事都是哲学始于泰勒斯，泰勒斯说万物都是由水做成的……万物都是由水构成的，这种说法可以认为是科学的假说，而且绝不是愚蠢的假说。③

罗素肯定了泰勒斯的假设，因为泰勒斯这个假设是那个时代第一次抛开神的观念，客观理性地看待世间万物。不过罗素接着这样写道：

> 他的科学和哲学都很粗糙，但却能激发思想与观察……米利都学派

---

① 北京大学哲学系外国哲学史教研室编译.1981.西方哲学原著选读·上卷.北京：商务印书馆：19.
② 罗素.1963.西方哲学史·上卷.何兆武，李约瑟译.北京：商务印书馆：41.
③ 罗素.1963.西方哲学史·上卷.何兆武，李约瑟译.北京：商务印书馆：29.

是重要的，并不是因为它的成就，而是因为它所尝试的东西……他们所提出的问题是很好的问题，而且他们的努力也鼓舞了后来的研究者。①

罗素认为，泰勒斯真正有价值的不是他粗糙的假说，而是他提出的问题才是可以鼓舞后来研究者的，也就是他"热情的动人的沉思"。"热情的动人的沉思"才是后来促进科学、鼓励人们探索自然、发现自然的真正动力。而我们像念经一样念了几千年的"初九，潜龙，勿用""九二，见龙在田，利见大人"，从来没觉得这些迷信是浅薄的、空虚的、粗糙的，结果让中国与科学失之交臂。

第四章"医生来了"是关于古代东西方传统医学思想的比较，讲了《黄帝内经》和古希腊"医圣"希波克拉底的故事。

中医一直流传到了今天，是中国人生活中很重要的一部分。从这一章我们可以知道，现在的中医是经历了一场改头换面的革新和进步以后出现在我们面前的。如果不改头换面，中国的传统医学可能还是乾隆年间医学家黄宫绣说的："顾世之医者不然，或读书而止记数方，或临症而偶忆一说，拘牵附会，害不胜言。其幸而济，则以自鸣其术，而不知求其精；不幸而不济，则且同委诸命，而不复知其失。呜呼！以千万人之死生，系一人之工拙，而固若是以术尝哉！"②以及清末中西医结合的首倡者丁福保说的："吾国旧时医籍，大都言阴阳气化、五行五味、生克之理，迷乱恍惚，如海市蜃楼，不可测绘，支离缪辘，如鼹鼠入郊牛之角，愈入愈深，而愈不可出……奈何一孔之医，斥为未达，墨守旧法，甘为井蛙……吾国医学四千年来，缪种流传，以迄今日，不能生人而适杀人。"③

改变以后成为如今我们熟悉的，也得抽血、验尿、拍 CT 和 X 射线片的中医，"阴阳禄命、诸家相法，及灼龟五兆、周易六壬"④ 等这些极端迷信玩法，虽然没有人再玩了，但是从中国传统医学最早的著作《神农本草经》和《黄帝内经》里流传下来的很多元素，像中药材的上品、中品、下品；医学理论的治未病；阴阳、五行；冬天养阴，夏天养阳；针灸等仍然根深蒂固地留在我们心里。而且这些从两千多年前一直流传

---

① 罗素.1963.西方哲学史·上卷.何兆武，李约瑟译.北京：商务印书馆：29-35.
② 黄宫绣.2008.本草求真.北京：中国中医药出版社：叙3.
③ 陈邦贤.2009.中国医学史.北京：团结出版社：250-252.
④ 孙思邈.2011.备急千金要方.焦振廉等校注.北京：中国医药科技出版社：1.

到今天的医学元素，并不仅保留在中医医生的脑袋里，也渗透进每一个中国人的生活中。比如，谚语"冬吃萝卜夏吃姜，不要医生开药方"；秋天来了，就要吃点好的，好贴秋膘等。大家还特别相信中医，尤其是得了说不太清的毛病，如莫名的偏头疼，很多人宁愿吃老中医的家传秘方，也不太相信医学院博士的建议。这些看似很普通、很平常的文化因素，其实都是从两千多年前流传下来的，已经深入每个中国人的骨髓。

关于西方传统医学流传下来的元素，这一章我们看了古希腊希波克拉底的医学、古罗马盖仑的医学、阿拉伯阿维森纳的医学、维萨里从人体解剖开创的医学，一直到哈维发现血液循环系统。另外，我们还看了印度的传统医学阿输吠陀。我们从西方医学从传统走向现代的过程中可以看到，西方的医学是继承了古代又否定古代的，他们继承的是前辈的精神，否认的是前辈还不成熟的医术。比如，古希腊的"希波克拉底誓言"里说的，"凡入病家，均一心为患者，切忌存心误治或害人，无论患者是自由人还是奴隶，尤均不可虐待其身心"。这种精神是永存的，是后来所有的医生都要继承的。而他在诊断和治疗的医术方面关于人的血液、黏液、黄疸液和黑胆液四体液，以及后来又扩展的土、气、火、水，热、冷、湿、干等，这些都逐渐被后来的更加先进的医术否定和取代了。所以，西方的医学是不断进步的医学。

所谓进步，就是不断创新，突破旧的思维，走进新的思维，这是创造科学最基本的因素。而中国传统医学，大家都期待着《黄帝内经》里《阴阳应象大论》能给我们带来所谓古代的大智慧，从来没有人敢于质疑古代医学，于是来自《黄帝内经》的医学理论几千年来没有变化，就正如黄宫绣说的"读书而止记数方，或临症而偶忆一说，拘牵附会，害不胜言"，以及丁福保说的"吾国旧时医籍，大都言阴阳气化、五行五味、生克之理，迷乱恍惚，如海市蜃楼，不可测绘，支离缪辀"，让中国的医学走入"不能生人而适杀人"[1]的地步。而不思进取必定会遏制科学在中国的产生。

本书的副标题"走出鸿蒙"，鸿蒙是指远古时代。这个词最早应该出自《庄子·在宥》："云将东游，过扶摇之枝，而适遭鸿蒙。"本书前

---

[1] 陈邦贤. 2009. 中国医学史. 北京：团结出版社：253.

四章的第一章是关于甲骨文的。1933年，郭沫若在他的著作《卜辞通纂》中称赞董作宾对甲骨文研究的贡献时说："遂顿若凿破鸿蒙。"[①]甲骨文不但凿破了远古历史的鸿蒙，也从此让中国历史走出了远古的鸿蒙。

  在本书里我们看到了最早的文字——甲骨文、象形文字和楔形文字；最早的文学作品——《诗经》和荷马史诗；最初的数学和哲学——《易经》和毕达哥拉斯学派；早期的医学——《黄帝内经》和希波克拉底、盖仑等的医学。从这些故事中我们可以看到，那个时代虽然还没有什么科学，但是无论是中国人还是外国人，都已经瞪着他们好奇的眼睛在探索自然、探索宇宙，并且发明了最早的文字，创作了最早的文学、数学、哲学和医学。同时我们也看到，东西方人在传承古代智慧的态度上是完全不一样的。中国人的态度总是对古代充满了期待，觉得古代的大智慧是永远有效的，所以一直到今天我们还在读汉朝郑玄作注的《易经》、唐朝启玄子王冰作注的《黄帝内经》。而西方人把古代的智慧视为"一个粗率的开始"[②]，但西方人并不是无视古代、无视毕达哥拉斯，他们继承了古代的和毕达哥拉斯的精神，什么精神呢？那就是"热情的动人的思考"[③]。而"热情的动人的思考"是让西方人从古代走向现代、走进科学的真正动力，而不是古代圣贤玩出来的大智慧。德国当代哲学家、爱因斯坦的学生赖欣巴哈曾经这样告诉我们："我们在阅读各种哲学体系的陈述时，应该把注意力多放在所提的问题上，而少放在所作的回答上。"[④]而阅读古代哲学时更是如此。

  人类文明的历史就像一条路，前辈在路上留下了很多脚印，前辈的脚印再大、再具有神力，都会随着文明的进步落在后面。如果总是围着前人的脚印打转，只能让文明的步伐变慢甚至停止。所以我们究竟能从古人那里学到什么？这是需要深刻思考的。

---

[①] 郭沫若.1983.卜辞通纂.北京：科学出版社：16.
[②] 黑格尔.1959.哲学史讲演录·第一卷.贺麟，王太庆译.北京：商务印书馆：251.
[③] 罗素.1963.西方哲学史·上卷.何兆武，李约瑟译.北京：商务出版社：41.
[④] H.赖欣巴哈.1983.科学哲学的兴起.伯尼译.北京：商务印书馆：25.

# 参考文献

爱德华·泰勒．2005．原始文化．连树声译．上海：上海文艺出版社．

保罗·G．巴恩．2008．剑桥插图考古史．郭小凌，王晓秦译．台北：如果出版社．

北京大学哲学系外国哲学史教研室．1981．西方哲学原著选读．北京：商务印书馆．

陈邦贤．2009．中国医学史．北京：团结出版社．

陈方正．2011．继承与叛逆：现代科学为何出现于西方．北京：生活·读书·新知三联书店．

第欧根尼·拉尔修．2011．名哲言行录．马永翔，赵玉兰，祝和军，等译．长春：吉林人民出版社．

董作宾．1992．殷历谱．台北："中央研究院"历史语言研究所．

冯友兰．2010．中国哲学简史．涂又光译．北京：北京大学出版社．

冯友兰．2014．中国哲学史．北京：中华书局．

格儒勒．2010．阿维森纳医典．朱明主译．北京：人民卫生出版社．

巩珍．2000．西洋番国志郑和航海图两种海道针经．向达校注．北京：中华书局．

郭沫若．1983．卜辞通纂．北京：科学出版社．

何宁．1998．淮南子集释．北京：中华书局．

黑格尔．1959．哲学史讲演录．贺麟，王太庆译．北京：商务印书馆．

胡适．2015．胡适文存．上海：上海科学技术文献出版社．

胡适．2015．中国哲学史．北京：新世界出版社．

胡适．2015．中国哲学史大纲．北京：中华书局．

皇甫谧．2006．针灸甲乙经．黄龙祥整理．北京：人民卫生出版社．

黄宫绣．2008．本草求真．北京：中国中医药出版社．

贾雷德·戴蒙德．2016．枪炮、病菌与钢铁：人类社会的命运．谢延光译．上海：上海译文出版社．

康德．2009．纯粹理性批判．邓晓芒译．北京：人民出版社．

康拉德·菲利浦·科塔克．2012．人类学：人类多样性的探索．黄剑波，方静文译．北京：中国人民大学出版社．

孔狄亚克．1989．人类知识起源论．洪求洁，洪丕柱译．北京：商务印书馆．

老多．2009．贪玩的人类：那些把我们带进科学的人．北京：科学出版社．

雷立柏．2010．西方经典英汉提要：古代晚期经典100部．北京：世界图书出版公司．

李济．1995．安阳．贾世恒译．台北：台北"国立"编译馆．

李时珍．2015．本草纲目．北京：人民卫生出版社．

李约瑟．1975．中国科学技术史．北京：科学出版社．

利奥波德·冯·兰克．2016．近代史家批判．孙立新译．北京：北京大学出版社．

利玛窦，金无阁．1983．利玛窦中国札记．何高济，王遵仲，李申译．北京：中华书局．

廖育群．2002．阿输吠陀印度的传统医学．沈阳：辽宁教育出版社．

罗素．1963．西方哲学史·上卷．何兆武，李约瑟译．北京：商务印书馆．

罗伊·波特．2000．剑桥医学史．张大庆，李志平，刘学礼，等译．长春：吉林人民出版社．

罗振玉．2006．殷墟书契考释三种．北京：中华书局．

毛亨．2013．毛诗注疏．上海：上海古籍出版社．

孟诜．2007．食疗本草译注．郑金生，张同君译注．上海：上海古籍出版社．

慕平译注．2009．尚书．北京：中华书局．

撒穆尔·伊诺克·斯通普夫，詹姆斯·菲泽．2009．西方哲学史．匡宏，邓晓芒译. 北京：世界图书出版公司.

尚秉和. 1980. 周易尚氏学. 北京：中华书局.

斯塔夫里阿诺斯. 2005. 全球通史：从史前史到21世纪. 吴象婴，梁赤民，董书慧，等译. 北京：北京大学出版社.

孙思邈. 2011. 备急千金要方. 焦振廉等校注. 北京：中国医药科技出版社.

孙诒让. 契文举例（手抄本）. 私人收藏.

王国维. 1959. 观堂集体. 北京：中华书局.

王海利. 2010. 法老与学者——埃及学的历史. 北京：北京师范大学出版社.

王谟. 2011. 增订汉魏丛书：汉魏遗书钞. 重庆：西南师范大学出版社.

王文锦. 2001. 礼记译解. 北京：中华书局.

王应麟. 2012. 周易郑康成注. 北京：中华书局.

威廉姆·休厄尔. 2016. 科学发现的哲学——历史与节点. 韩阳译. 武汉：湖北科学技术出版社.

希波克拉底. 2007. 希波克拉底文集. 赵洪钧，武鹏译. 北京：中国中医药出版社.

希罗多德. 1959. 历史. 王以铸译. 北京：商务印书馆.

许明龙. 2007. 欧洲十八世纪中国热. 北京：外语教学与研究出版社.

许慎. 2006. 说文解字注. 杭州：浙江古籍出版社.

亚里士多德. 1959. 形而上学. 吴寿彭译. 北京：商务印书馆.

亚里士多德. 1990. 亚里士多德全集. 苗力田，徐开来，秦典华，等译. 北京：中国人民大学出版社.

杨天才，张善文译注. 2011. 周易. 北京：中华书局.

詹森·汤普森. 2014. 埃及史：从原初时代至当下. 郭子林译. 北京：商务印书馆.

张仲景. 2005. 伤寒论. 北京：人民卫生出版社.

浙江书局辑刊. 1986. 二十二子. 上海：上海古籍出版社.

朱光潜. 1982. 朱光潜美学论文集. 上海：上海文艺出版社.

朱熹. 2008. 周易本义. 北京：中华书局.

左丘明. 2005. 国语. 济南：齐鲁书社.

H. 赖欣巴哈. 1983. 科学哲学的兴起. 伯尼译. 北京：商务印书馆.